Ankur Pareek
Jai Jethwani

Melhorar a produtividade na indústria transformadora

Ankur Pareek
Jai Jethwani

Melhorar a produtividade na indústria transformadora

ScienciaScripts

Imprint
Any brand names and product names mentioned in this book are subject to trademark, brand or patent protection and are trademarks or registered trademarks of their respective holders. The use of brand names, product names, common names, trade names, product descriptions etc. even without a particular marking in this work is in no way to be construed to mean that such names may be regarded as unrestricted in respect of trademark and brand protection legislation and could thus be used by anyone.

Cover image: www.ingimage.com

This book is a translation from the original published under ISBN 978-613-3-99021-0.

Publisher:
Sciencia Scripts
is a trademark of
Dodo Books Indian Ocean Ltd. and OmniScriptum S.R.L publishing group

120 High Road, East Finchley, London, N2 9ED, United Kingdom
Str. Armeneasca 28/1, office 1, Chisinau MD-2012, Republic of Moldova, Europe
Printed at: see last page
ISBN: 978-620-8-07027-4

ÍNDICE

Para

Os membros da nossa família

PREFÁCIO

Desde o início da era industrial, o conceito de produtividade tem desempenhado um papel importante no desenvolvimento da indústria. O conceito de produtividade surge do sistema de produção. Quando o sistema está numa fase de crescimento, a ênfase não é colocada na eficiência do sistema. Nem o empregador nem os empregados têm qualquer ideia da eficácia e a produção não está de acordo com as entradas; é por isso que os desperdícios são maiores e os lucros são menores. Mais tarde, porém, as organizações procuram formas de melhorar os seus processos de produção e de gestão, a fim de se manterem competitivas no mercado. Isto exige formas de reduzir os custos de produção, aumentar a produtividade e melhorar a qualidade dos produtos. Por conseguinte, as organizações devem utilizar todos os recursos disponíveis de forma eficiente e eficaz, a fim de satisfazer a procura dos seus clientes com produtos de alta qualidade a um preço baixo. Por estas razões, investigadores de todo o mundo propuseram várias estratégias e ferramentas de melhoria para satisfazer as necessidades das organizações.

Este livro é uma adaptação de uma dissertação de pós-graduação em Engenharia de Produção e discute uma estrutura matemática que aborda um programa de planeamento de melhorias ao nível da organização. Um modelo proposto baseado no conceito de regressão linear usando SPSS é apresentado para determinar os melhores programas entre os programas de melhoria de produtividade. Uma vez preparadas as entradas, a técnica de melhoria esperada pode ser estabelecida dentro da limitação de todos os recursos disponíveis. As aplicações deste estudo são: -

- Previsão da produção para um conjunto conhecido de variáveis de entrada.

- Afetação óptima dos recursos a vários factores de entrada para um resultado desejado.

- Maximizar a produtividade da empresa de produção em diferentes condições

estratégias, ou seja, fazer por encomenda ou fazer para stock.

- Previsão da entrada única para um conjunto conhecido de entradas e saídas.

- Previsão da produção para obter os melhores resultados.

- Ankur Pareek

- Jai Kumar Jethwani

Capítulo 1

INTRODUÇÃO

Produtividade

A produtividade é uma medida da forma como uma unidade de produção utiliza os seus recursos. Medimos a produtividade como o rácio entre a produção e a entrada ou como unidades de produção por unidade de entrada. A produtividade é normalmente representada pela seguinte equação:

Produtividade = O/I

Em que O é Output e I é input. A produção inclui todos os bens e serviços produzidos e vendidos. O input inclui todos os materiais, serviços, utilização de maquinaria e esforço despendido na produção dos outputs.

Produtividade é o termo que representa o grau de eficácia da gestão industrial na utilização dos meios de produção. Também pode ser considerado como uma medida da produção de bens ou serviços para uma determinada quantidade de recursos de entrada (mão de obra, dinheiro, material, máquinas e métodos).

Modelo Input Output:

Trata-se de um dos modelos básicos do sistema de produção. Um sistema de produção é o conjunto de elementos de input-output interligados e é constituído por três componentes: inputs, processos e outputs. Uma grande variedade de inputs é transformada de modo a produzir um conjunto de outputs. O processo de transformação pode ser complicado e a conceção de um sistema real de entradas e saídas para a produção pode ser dispendiosa e difícil.

A eficiência de um sistema de engenharia (uma máquina) = Output/Input < 1, e um sistema com output é considerado ideal. Mas num sistema de gestão da produção, esta definição de eficiência significa o fracasso total e, em última análise, o fim da empresa. Num sistema económico, a eficiência tem de ser superior a um, o que significa um estado de lucro. Um sistema de gestão da produção compreende e integra critérios de engenharia e económicos nas suas actividades.

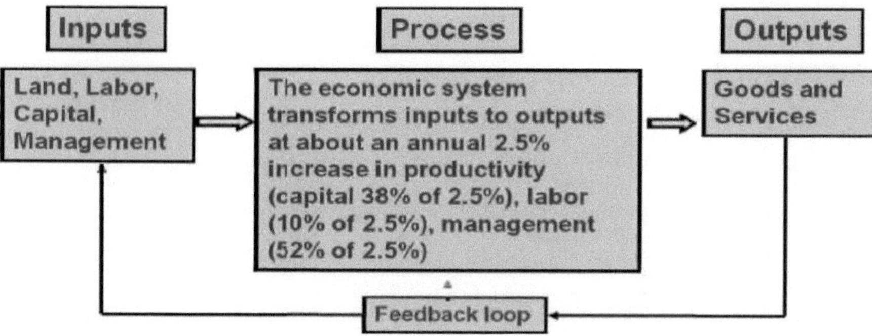

Figura 1: Modelo de entradas e saídas

Uma unidade de produção pode ser definida a qualquer nível de agregação desejado: uma única instalação dentro de uma organização com várias instalações, uma empresa inteira, uma indústria inteira, um sector da economia, um país ou uma região. Existem desafios e vantagens que são exclusivos de cada nível de agregação.

Na prática, há muitas formas diferentes de medir a produtividade. Cada medida tem as suas vantagens e desvantagens. Algumas medidas são adequadas para analisar o desempenho de um país em comparação com o resto do mundo. A produtividade a nível nacional está fortemente associada à melhoria do bem-estar da nação. Este facto pode ser útil para os decisores políticos nacionais que procuram melhorar o bem-estar de toda uma população através do desenvolvimento da economia nacional

Estas medidas de produtividade a nível macro não permitem saber de que forma as práticas de uma determinada empresa podem melhorar a sua rendibilidade. Outras medidas de produtividade são bem adequadas para analisar o desempenho de uma empresa ou de um ramo de uma empresa. A medição a este nível de detalhe tenderá a ser inadequada para reconhecer o valor da interação entre empresas ou para descobrir padrões a nível regional.

Este relatório centra-se na produtividade a nível da empresa e nas ferramentas de produtividade. O envolvimento num processo de análise dos factores de produtividade da empresa é um passo importante para melhorar a posição competitiva da empresa e, em virtude da posição da empresa na comunidade, de toda a região. As ferramentas de melhoria da produtividade centram-se na melhoria dos factores de produtividade e na remoção dos obstáculos à melhoria da produtividade.

Tipos de medidas de produtividade

1)   Produtividade do trabalho: As entradas de recursos são agregadas em termos de horas de trabalho. Por conseguinte, este índice é relativamente livre de alterações causadas pelas taxas salariais e pela combinação de mão de obra.

2)   Produtividade dos custos diretos do trabalho: As entradas de recursos são agregadas em termos de custos diretos de mão de obra. Este índice reflectirá o efeito tanto das taxas salariais como das alterações na composição da mão de obra.

3)   Produtividade do capital: São possíveis várias formulações. Numa delas, os recursos utilizados podem ser os encargos durante o período de amortização; noutra, os recursos utilizados podem ser o valor contabilístico do investimento de capital.

4)   Produtividade dos custos diretos: Nesta formulação, todos os itens de custo direto associados aos recursos utilizados são agregados numa base de valor monetário.

5)   Produtividade energética: Nesta formulação, o único recurso considerado é a quantidade de energia consumida.

6)   Produtividade das matérias-primas: Nesta formulação, os numeradores são geralmente o peso do produto; os denominadores são o peso da matéria-prima consumida.

Fontes de informação para o desenvolvimento de medidas de produtividade:

As três principais fontes são:

1.   Informações de identificação do produto

2.   Informações contabilísticas

3.   Informações sobre a medição do trabalho

Informações de identificação do produto: Os catálogos e desenhos de produtos servem para fornecer uma estrutura para identificar os diferentes tipos de produtos antes de ponderar cada tipo de output na mistura. Só após a ponderação correta é que as saídas podem ser agregadas.

Informação contabilística: Dependendo da sofisticação do sistema de contabilidade em uso, a ponderação de cada tipo de produção pode ou não ser viável apenas a partir dos registos contabilísticos. Com um sistema de contabilidade analítica pormenorizado, toda a informação necessária pode estar disponível.

Informação sobre a medição do trabalho: é utilizada aqui para referir a utilização de qualquer técnica para determinar a quantidade de trabalho necessária para produzir cada tipo de produção num período de base. Esta informação é necessária para completar quase todos os cálculos de produtividade, exceto os das matérias-primas.

Sistema de medição da produtividade:

Um sistema de medição da produtividade tem os seguintes componentes básicos. Estes componentes são formulados de forma a poderem ser aplicados a qualquer tipo de organização, ou seja, indústria transformadora, indústria extractiva, serviços, administração pública com ou sem fins lucrativos.

Componentes:

1.   Uma declaração dos objectivos da organização.

2.   Uma lista das unidades de produção da organização.

3.   Tempo padrão, custo padrão, utilização de matérias-primas, utilização de equipamento, utilização de ferramentas, etc., para cada tipo de produção.

4.   Um método de construção de um orçamento de base zero utilizando previsões de resultados, tempos-padrão e previsões de produtividade.

5.   Um meio de calcular os índices de produtividade em intervalos selecionados.

6.   Um meio de comparar as previsões de produção com a produção real em intervalos selecionados.

7.   Um meio de acrescentar dados sobre a utilização de recursos e índices de produtividade associados de uma forma significativa em relação aos resultados, a fim de reduzir os pormenores dos relatórios à medida que os dados são transmitidos a gestores de nível cada vez mais elevado.

Conceitos-chave relacionados com a produtividade

O conceito de produtividade assenta em muitos conceitos económicos diferentes relacionados com a produção, tais como inputs e outputs. Estes conceitos parecem simples, mas são frequentemente fonte de confusão. Uma análise adequada destes conceitos básicos é benéfica antes de se poder compreender o conceito de produtividade.

Entradas para a produção

Nos processos de produção modernos, são necessárias ferramentas e equipamento para acompanhar a mão de obra. Por conseguinte, a produção requer uma variedade de outros factores de produção para além da mão de obra básica. Os factores de produção podem ter muitas formas ou componentes diferentes, como o tempo gasto na produção, o número de pessoas que participam na produção, o número de ferramentas ou equipamentos utilizados na produção, a dimensão do local de trabalho ou mesmo o aconselhamento técnico (intangível). Além disso, os factores de produção podem ser representados a diferentes níveis de agregação.

De certa forma, a produção pode ser visualizada como um sistema reativo de entradas-saídas, em que as entradas conduzem às saídas. Tratar a produção desta forma "mecânica" ajuda a compreender por que razão as produções podem ser *modeladas* pelas entradas. Realisticamente, nem todos os factores de produção podem ser identificados ou medidos. Mas quanto mais entradas forem identificadas, maior será a precisão da modelação das saídas

Em seguida, procede-se a uma análise crítica das entradas e saídas para estabelecer a base para a introdução da produtividade do trabalho e da produtividade multifatorial.

Fator único

Trabalho ou capital

As diferentes entradas podem ser agrupadas em diferentes grupos de acordo com a sua semelhança. Cada grupo pode ser considerado como um único fator de produção. No quadro económico neoclássico, o trabalho e o capital são os dois grupos fundamentais (essenciais a qualquer processo de produção). Neste contexto, a produção (bruta) é determinada por dois factores de produção diferentes - trabalho e capital.

Os factores de produção trabalho e capital são fáceis de concetualizar. Só quando se consideram as suas medições é que se tornam complicados.

A medida convencional do fator trabalho é simples - o total de horas dedicadas a uma produção em relação a um resultado mensurável. Note-se que a hora de trabalho, por si só, não reflecte a qualidade da mão de obra, mas numa força de trabalho diversificada com uma distribuição de diferentes qualidades de mão de obra, é uma medida eficaz e conveniente do fator trabalho.

A produtividade de um único fator de produção mais importante é a produtividade do trabalho (LP), em que a unidade de produção é simplesmente o número de horas de trabalho:

Produtividade do Trabalho = Produção/Trabalho (hr)

Entradas intermédias

O agrupamento dos factores de produção em factores de produção de trabalho ou de capital é coerente com a economia neoclássica na descrição da produção (bruta) nos processos de produção. No entanto, nas abordagens modernas, as entradas intermédias são separadas de todas as entradas.

Os factores de produção intermédios (bens) ou os factores de produção (bens) são utilizados na produção de outros factores de produção, como os factores de produção de produtos parcialmente acabados. Além disso, são factores de produção utilizados na produção da produção final. Uma empresa pode fabricar bens intermédios e depois utilizá-los, ou fabricá-los e depois vendê-los, ou comprá-los e depois utilizá-los. Nos processos de produção, os bens intermédios ou se tornam parte do produto final ou são alterados de forma irreconhecível durante o processo. Por exemplo, os alimentos para frangos podem ser definidos como factores de produção intermédios para a produção de frangos como produto final.

É necessário salientar que a produção pode ser modelada apenas pela mão de obra e pelo capital, ou pela mão de obra, pelo capital e pelos factores de produção intermédios. Trata-se de duas perspectivas (modelos) diferentes para o mesmo processo de produção. Os dois modelos diferentes podem exigir métodos diferentes de contabilização do capital. Por exemplo, os alimentos consumidos para a criação de frangos são factores de produção intermédios, mas podem ser simplesmente contabilizados como factores de produção de capital quando se considera apenas o trabalho e o capital.

Insumos tecnológicos

Para além da mão de obra, do capital e dos factores de produção intermédios, há um fator de produção específico que é designado por tecnologia. Por conseguinte, a tecnologia é um conceito amplo, mas bastante vago, no domínio económico. É diferente da verdadeira tecnologia, convencionalmente referida como o conjunto de ferramentas, maquinaria, modificações, disposições e procedimentos. Em economia, a tecnologia está mais associada a algo que não a mão de obra, o capital e os factores de produção intermédios, mas que melhora a eficiência da sua utilização.

Um exemplo típico é o espírito empresarial e a inovação, que contribuem para a tecnologia sem exigir necessariamente um aumento da mão de obra e do capital. Em geral, a tecnologia é mais a nomenclatura de factores de produção combinados, como o capital humano, o espírito empresarial, a gestão e a inovação. Cada componente pode contribuir para o crescimento económico de forma bastante diferente.

É importante notar que a definição de tecnologia é vulnerável e pode dar origem a confusão. O maior problema com que os economistas se confrontaram em relação ao fator "tecnologia" foi a forma de o medir. A "tecnologia" só podia ser medida indiretamente.

Há questões de pormenor que inevitavelmente se colocam. Se a tecnologia pode ser medida, será que a tecnologia medida é a mesma coisa que a definida? Além disso, seria demasiado simples tratar a tecnologia como um fator de produção independente, uma vez que interage com o trabalho e o capital, etc., muitas vezes de formas complexas. Na prática, a tecnologia ou o progresso tecnológico medidos podem incluir mais do que aquilo que se pretende medir, conhecido ou desconhecido, incluindo erros de medição. Além disso, diferentes modelos económicos significam diferentes tecnologias medidas. No entanto, independentemente da imprecisão da definição de tecnologia, esta é de grande simplicidade e conveniência concetual no desenvolvimento da economia moderna.

1.3.1.2 Factores combinados

Os factores de produção podem ser decompostos, mas também podem ser combinados. O conceito de fator de produção combinado merece especial atenção porque afecta diretamente a produtividade multifatorial. Uma das maiores dificuldades na compreensão da produtividade multifatorial por parte de muitos não especialistas tem origem na falta de compreensão do que significa realmente um fator de produção combinado.

No caso mais simples, as entradas de trabalho e de capital podem ser combinadas. Ao fazê-lo, pode considerar-se que a produção é impulsionada pelo fator trabalho e pelo fator capital combinados, independentemente de se tratar de trabalho ou de capital. Do mesmo modo, a mão de obra, o capital e os factores de produção intermédios podem ser combinados, o que efetivamente impulsiona a produção bruta.

Em resumo, um fator de produção combinado de trabalho e capital pode ser considerado como um fator de produção "único" para impulsionar a produção. O mesmo se aplica à combinação de mais do que as entradas de trabalho e de capital. Assim, a identificação de um input combinado (ou de múltiplos inputs combinados) não é concetualmente diferente da identificação de um input único, como o input de mão de obra ou o input de capital.

A MFP mais utilizada, de acordo com a (função) de produção neoclássica, é definida apenas quando os factores trabalho e capital são combinados (OCDE 2001):

Produtividade multifatorial (MFP) = produção/consumo combinado de trabalho e capital

A MFP assim definida mede a produção "média" (bruta) por unidade de fator de produção combinado. Ignora a não homogeneidade da produção em relação ao fator de produção combinado.

1.3.2 Resultados da produção

Tal como as entradas, o conceito de produção pode ser simples no contexto económico. Na unidade de produção mais simples, como um agricultor que cria galinhas, a produção pode ser facilmente medida, por exemplo, contando o número de galinhas produzidas durante um período de tempo. No entanto, numa unidade de produção um pouco mais complicada, com múltiplos produtos como produção (como a criação de galinhas e de gado), a simplicidade da medida da produção desaparece. Uma galinha não é igual a um touro/vaca, mas têm de ser "somados" para medir a produção.

Mais uma vez, a definição de produção para uma unidade de produção mais complexa tem de se basear nos valores de mercado para os somar, à semelhança da agregação das entradas. A existência de um mercado de bens e serviços competitivo e eficiente é quase sempre assumida para definir os valores de mercado de todas as produções.

Para determinar o valor de uma determinada produção, é necessário conhecer o seu preço de mercado. Existem dois preços diferentes - o preço nominal (atual) e o preço constante. Este último é o preço nominal num determinado momento. Há diferentes implicações na seleção de diferentes preços. Utilizar o preço nominal significa medir a produção em termos de valor e utilizar o preço constante significa medir a produção em termos de volume. Podem fazer uma grande diferença. Por exemplo, se subitamente o preço de mercado dos frangos aumentar devido a razões externas, a medida da produção em volume mantém-se inalterada. A medida da produção em valor, no entanto, aumentará.

QUADRO 1: Resumo do conceito de produtividade

N.º Sr.	Conceito	Resumo
1	A produtividade como conceito objetivo	- Pode ser medido, idealmente em relação a uma norma universal. - As organizações podem monitorizar a produtividade por razões estratégicas, como o planeamento empresarial, a melhoria da organização ou a comparação com a concorrência. - Pode ser utilizado por razões tácticas, como o controlo de projectos ou o controlo do desempenho em relação ao orçamento.
2	A produtividade como ciência conceito	- Pode ser definido logicamente e observado empiricamente. - Pode também ser medido em termos quantitativos, o que o qualifica como uma variável e, por conseguinte, pode ser definido e medido em termos absolutos ou relativos. - É muito mais útil como um conceito de produtividade relativa ou como um fator de produtividade.
3	A produtividade como conceito de medida	- Útil como medida relativa do resultado efetivo da produção em comparação com a entrada efectiva de recursos, medida ao longo do tempo ou em relação a entidades comuns. - Quando a produção aumenta para um determinado nível de factores de produção, ou quando a quantidade de factores de produção diminui para um nível constante de produção, ocorre um aumento da produtividade. - A "medida de produtividade" descreve a forma como os recursos de uma organização estão a ser utilizados para produzir os seus produtos.
4	A produtividade como conceito de eficiência	- A produtividade é frequentemente confundida com a eficiência. A eficiência é geralmente vista como o rácio entre o tempo necessário para realizar uma tarefa e um tempo padrão pré-determinado. No entanto, fazer trabalho desnecessário de forma eficiente não é exatamente ser produtivo. - Seria mais correto interpretar a produtividade como uma medida de eficácia (fazer a coisa certa de forma eficiente), que é orientada para os resultados e não para a produção.
5	A produtividade como conceito de fator	
5.1	Produtividade parcial dos factores	- Considera uma única entrada no rácio. - A produtividade de fator parcial seria - o rácio entre a produção total e um único fator de produção.

		- Produção/trabalho, produção/máquina, produção/capital ou produção/energia.
5.2	Produtividade multifatorial	- Utiliza mais do que um único fator. - A produtividade multifatorial é o rácio entre a produção total e um subconjunto de factores de produção: - Um subconjunto de factores de produção pode consistir apenas em mão de obra e materiais ou pode incluir capital
5.3	Produtividade total dos factores	- Medida pela combinação dos efeitos de todos os recursos utilizados na produção de bens e serviços (trabalho, capital, matérias-primas, energia, etc.) e dividida pela produção

Objectivos para aumentar a produtividade

(A) Para a Direção: 1. Produzir boas receitas (lucros).

2. Para saldar as dívidas ou empréstimos contraídos de diferentes fontes.

3. Para vender mais, e

4. Para se posicionar melhor no mercado.

(B) Para os trabalhadores: 1. salários mais altos.

2. Melhor condição de funcionamento.

3. Nível de vida mais elevado, e

4. Segurança e satisfação no trabalho.

(C) Para os clientes: Redução do preço dos artigos.

Factores que afectam a produtividade

(A) Fator que afecta a produtividade nacional

1. Recursos Humanos.

2. Tecnologia e investimento de capital.

3. Regulamentação governamental.

(B) Factores que afectam a produtividade na indústria transformadora e nos serviços

1. Conceção de produtos ou sistemas.

2. Máquinas e equipamentos.

3. A competência e a eficácia do trabalhador.

4.   Volume de produção.

Recursos Humanos

O nível geral de educação é um fator importante na produtividade nacional.

A utilização de computadores e de outros equipamentos e sistemas sofisticados exige trabalhadores mais qualificados. O governo pode ajudar, patrocinando mais educação, especialmente nos domínios que afectam diretamente a produtividade.

Os trabalhadores precisam de ser motivados para serem produtivos. O salário não é suficiente; precisam de ter condições de trabalho boas e seguras e de ser reconhecidos como a parte mais importante da organização.

Os sindicatos e a direção podem ser adversários na negociação de salários e benefícios, mas podem cooperar na procura de melhorias de produtividade, para benefício de todos.

Tecnologia e investimento de capital

O principal fator de melhoria contínua da produtividade a longo prazo é a tecnologia, e as novas tecnologias dependem da investigação e do desenvolvimento.

Para que a indústria ou os serviços utilizem novas tecnologias, devem investir em novas máquinas e equipamentos.

O governo pode fazer o seguinte:

1)   Promover a I & D nas indústrias e universidades.

2)   Incentivar a poupança pessoal e reduzir os impostos sobre os lucros para que as pessoas invistam em novas instalações.

3)   Permitir taxas de amortização que proporcionem um fluxo de caixa para novos investimentos.

4)   Incentivar diretamente novos investimentos através do aumento dos créditos fiscais ao investimento.

Regulamentação governamental

Uma quantidade excessiva de regulamentação governamental pode ter um efeito prejudicial na produtividade. O governo pode fazer muito para eliminar regulamentos desnecessários e efetuar análises de custo-benefício para determinar os regulamentos necessários, como os relativos à saúde e à segurança.

Conceção do produto (ou sistema)

Se, através de uma melhor conceção do produto, este puder ser simplificado, eliminando algumas das suas partes, é óbvio que o material de que estas peças são feitas deixará de ser necessário. Nem o equipamento, as ferramentas e a mão de obra necessários para as fabricar serão necessários. A análise de valor pode revelar muitas alterações na conceção dos produtos que melhoram a produtividade.

A I&D é um contributo vital para a melhoria da conceção dos produtos.

A normalização do produto e a utilização de tecnologia de grupo são outros factores de conceção que possibilitam uma maior produtividade na fábrica.

Máquinas e equipamentos

Uma vez concebido o produto, a forma como é fabricado oferece a próxima oportunidade para melhorar a produtividade. O equipamento utilizado - máquinas, ferramentas, tapetes rolantes, robots, a forma como a fábrica está organizada - são todos importantes.

O computador tem ajudado a conceber os produtos (CAD), a operar máquinas-ferramentas complicadas (máquina CNC) e a controlar o inventário de materiais e peças. Tornou-se um ingrediente essencial na melhoria da produtividade.

Competência e eficácia do trabalhador

O trabalhador com formação e experiência pode fazer o mesmo trabalho em muito menos tempo e com muito mais eficácia do que um novo trabalhador. No entanto, mesmo os trabalhadores bem formados têm de ser motivados para serem produtivos.

Volume de produção

Suponhamos que o volume de produção deve ser duplicado. O número de trabalhadores diretos teria de ser duplicado e poderiam também ser necessários alguns trabalhadores indirectos. Mas provavelmente não seriam necessários mais engenheiros, investigadores, pessoal da sede ou outro pessoal de apoio. Assim, se a produção for duplicada, a produtividade deste pessoal de apoio é, de facto, duplicada.

Capítulo 2

REVISÃO DA LITERATURA

Durante as últimas três décadas, tem havido um trabalho e investigação significativos na medição da produtividade. As medidas parciais de produtividade são ferramentas poderosas quando utilizadas para problemas específicos [1-3]; mas são frequentemente enganadoras quando aplicadas para avaliar a produtividade e o desempenho globais [4]. O primeiro esforço foi feito por Davis [5] para formular uma medida de produtividade global da empresa. O trabalho de Craig e Harris [6] continua a servir à gestão como um guia útil para medir a produtividade global. Sumanth e Hassan [7] modificaram o quadro da produtividade total de forma a incluir todas as variáveis de entrada e saída. Por conseguinte, a produtividade total é definida como o rácio entre a produção total (unidades acabadas e parciais produzidas, dividendos de títulos, juros de obrigações e outros rendimentos) e o total de entradas (recursos humanos, capital, materiais, energia e todas as outras despesas).

O planeamento da melhoria da produtividade, tal como definido por Sumanth [8], diz respeito ao estabelecimento de níveis-alvo de produtividades totais ou parciais, de modo a que esses níveis possam ser utilizados para avaliar o desempenho da produtividade, bem como para definir estratégias de melhoria da produtividade. Uma vez planeados os níveis de produtividade para o futuro, inicia-se o planeamento das técnicas de implementação da melhoria da produtividade. Os investigadores [9-19] propuseram modelos e enquadramentos para as estratégias de melhoria da produtividade. Exceptuando o modelo de Stewart [14], os conceitos e quadros mencionados foram direcionados para o campo da estratégia de melhoria da produtividade com base na gestão descritiva. Para além disso, a maioria destes modelos, se não todos, têm aplicações limitadas. Sumanth [8] propôs um modelo que é considerado como o primeiro passo para os modelos de perspetiva de sistema.

As revisões da literatura são sempre consideradas como uma parte muito importante do trabalho de dissertação. Qualquer investigação não pode prosseguir sem esta secção. Os tópicos e pontos relacionados são incluídos e fornecem uma direção para o trabalho futuro do trabalho. Apresenta-se de seguida uma breve avaliação da investigação sobre o tema:

Mohamed Zaki Ramadan, (2012): Discute um quadro matemático que aborda um programa de planeamento de melhoria para o nível da organização. O modelo proposto, baseado no conceito de produtividade total, é apresentado para determinar o melhor programa entre os programas de produtividade. Uma vez que os dados de entrada são preparados, a melhoria esperada através da implementação de diferentes técnicas de melhoria pode ser estabelecida dentro das limitações de todos os recursos disponíveis. O modelo proposto elimina a falta do modelo atualmente conhecido, o modelo analítico de melhoria da produtividade (APIM). Os resultados da comparação entre o modelo proposto e os outros são ilustrados através de um estudo de caso [20].

Aaditya Choubey, (2012): Estudar a manutenção produtiva total numa organização e o seu efeito na melhoria da eficiência global do equipamento. As avarias frequentes das máquinas, a baixa disponibilidade das instalações, a redução do tempo de trabalho, o aumento do número de horas extraordinárias de mão de obra inativa constituem uma grande ameaça para uma fábrica, uma vez que aumentam os custos de funcionamento de uma indústria. O principal objetivo de aaditya choubey é melhorar a eficácia global do equipamento (OEE) numa empresa transformadora através da aplicação de estratégias de manutenção inovadoras. O objetivo principal é melhorar a eficácia global do equipamento (OEE) numa empresa transformadora através da aplicação de estratégias de manutenção inovadoras. A produção baseia-se no total de quilowatts de motores produzidos por dia. A redução da procura e a falta de matérias-primas, especialmente as importadas, estão a afetar negativamente as operações de fabrico. A empresa é afetada pela menor disponibilidade de máquinas devido a avarias e à falta de matérias-primas. As reduções de preços e as incertezas, bem como as avarias gerais das máquinas, reduziram ainda mais a produção. Foram apresentadas algumas recomendações. Por exemplo, a atribuição de poderes aos trabalhadores da empresa aumentará a responsabilidade e a autoridade para melhorar e eliminar totalmente as seis grandes perdas. Para que o departamento de manutenção cumpra a sua função numa sociedade industrial progressista e inovadora, o seu pessoal deve ser continuamente formado para satisfazer as necessidades actuais e as exigências futuras. Para que o sistema de planeamento da manutenção seja eficaz, é essencial manter um registo de todos os trabalhos de manutenção corretiva e inspecções de manutenção preventiva. Para as grandes

As fábricas de transformação não podem ser tratadas manualmente. Por conseguinte, foi recomendado que a empresa implementasse um sistema de gestão da manutenção informatizado (Computerized Maintenance Management System - CMMS) [21].

K. Jeya Kumar, D. Jebakani & A. Krishnaveni, (2012): Focado na Agilidade para melhorar a produtividade. Devido à crescente competitividade da produção internacional e ao recente movimento no sentido da globalização, as pequenas e médias empresas (PME) também estão a competir pela preferência dos clientes. "Desenhar em qualquer lugar, fabricar em qualquer lugar e comercializar em qualquer lugar do mundo" está a tornar-se cada vez mais possível, o que pode significar a morte para as organizações menos preparadas para enfrentar o desafio global. O fabrico ágil reconhece a instabilidade do mercado e tenta melhorar a competitividade das empresas, satisfazendo as necessidades em constante mudança dos clientes. Assim, para continuar, sobreviver e crescer, uma organização precisa de desenvolver novos produtos robustos, que satisfaçam as expectativas dos clientes de uma forma ágil. Dado que o mercado é inerentemente instável e complexo, é imperativo ter a capacidade de gerir a mudança, a incerteza e a complexidade. O pilar dessa capacidade primordial é o envolvimento dos trabalhadores; a chave para impulsionar a agilidade. Esta investigação propõe um método para manter a identidade de um sistema de produção através da participação efectiva dos trabalhadores. Foi realizado um inquérito pormenorizado na Southern Rims (P) Ltd, Madurai, sobre a satisfação dos trabalhadores relativamente aos aspectos do trabalho relacionados com os seus postos de trabalho e os resultados foram discutidos [22].

Rahul Joshi & Prof. G.R.Naik, (2012): Melhorar o processo utilizando o mapeamento do fluxo de valor. "Melhorar um processo" significa tornar as coisas melhores. No entanto, quando nos envolvemos numa verdadeira melhoria de processos, procuramos aprender o que faz com que as coisas aconteçam num processo e utilizar esse conhecimento para reduzir a variação, eliminar actividades que não contribuem para o valor do produto ou serviço produzido e melhorar a satisfação do cliente. Melhoria do processo significa examinar todos os factores que afectam o processo: os materiais utilizados no processo, os métodos e máquinas utilizados para transformar os materiais num produto ou serviço e as pessoas que executam o trabalho. A Produção Enxuta parte do princípio de que acrescentar valor e reduzir o desperdício são os principais objectivos de qualquer empresa. Mas para muitas empresas, as dores de cabeça da mudança e uma subida íngreme são demasiado difíceis de suportar e sustentar. A organização pode conter uma série de pontos fracos, o que dificulta a obtenção dos ganhos prometidos pelos esforços envidados. O mapeamento do fluxo de valor (VSM) é uma técnica de fabrico enxuto e surgiu como a forma preferida de apoiar e implementar a abordagem enxuta. O mapeamento do fluxo de valor é diferente das técnicas de registo convencionais, uma vez que capta a informação em estações individuais sobre o tempo de ciclo da estação, o tempo de atividade ou a utilização de recursos, o tempo de preparação, o inventário WIP, as necessidades de mão de obra e o fluxo de informação desde a matéria-prima até aos produtos acabados. Esta investigação descreve em pormenor a utilização do mapeamento do fluxo de valor para reduzir os desperdícios na empresa transformadora. Com um estudo de caso numa das indústrias de fabrico de moldes, o percurso do processo de produção é visualizado através do mapeamento do mapa do fluxo de valor do estado atual. Depois de seguir todo o processo, são identificados os desperdícios que afectam o tempo de ciclo e analisadas as suas causas. É desenvolvido um mapa do fluxo de valor do estado futuro e são sugeridas ideias de melhoria. Com as ideias de melhoria sugeridas, prevê-se que o tempo de ciclo diminua de 14400 minutos para 9600 minutos, o que representa uma redução de 30%. O mapeamento do fluxo de valor revelou-se uma técnica útil para minimizar o tempo de ciclo e aumentar a produção [23].

Prof. Sajidali M. Hatturkar, (2012): Utilizar a melhoria do ciclo rápido para melhorar a produtividade. O objetivo desta investigação é mostrar como podem ser introduzidas melhorias contínuas em indústrias de pequena escala utilizando a metodologia "Rapid Cycle Improvement". O mundo global moderno e mecanizado de hoje deu origem a uma concorrência muito forte para as indústrias de pequena escala, não só na Índia, mas em todo o mundo. Novos produtos, novos mercados e novas tecnologias estão constantemente a surgir para alterar a vantagem competitiva industrial. Mas estas SSI's financeiramente enfraquecidas estão um passo atrás na adoção de novas tecnologias e mercados. Tendo isto em mente, ele destacou a metodologia do "Ciclo Rápido de Melhoria" que é rentável e pode ser facilmente aplicável às SSI's.

A metodologia de melhoria do ciclo rápido é uma dessas técnicas que ajuda a eliminar os obstáculos à melhoria da atividade das IES. Esta técnica não é complexa, nem dispendiosa, nem de difícil aplicação para as IES. Esta técnica ajuda o sector das SSI a ter um desempenho extremamente bom e permite ao nosso país alcançar uma ampla medida de crescimento e diversificação industrial [24].

Asim Kumar Tilkar & Prof Ravi Nagaich, (2013): Apresenta uma abordagem para a melhoria da produtividade e o cálculo da eficácia global do equipamento. O conceito de produtividade surge a partir do sistema de produção. Quando o sistema está em fase de crescimento, a tónica não é colocada na eficiência do sistema. Nem o empregador nem os empregados têm a ideia da eficácia e a produção não está de acordo com as entradas, razão pela qual os desperdícios são maiores e os lucros são menores, mas depois dos conceitos de gestão científica as pessoas parecem conscientes da produtividade.

O trabalho é realizado numa indústria de média dimensão para aumentar a produtividade, calcular a eficácia global do equipamento e analisar o estado atual da eficácia global do equipamento (OEE) nas células de fabrico, avaliar o desempenho atual da linha de montagem e identificar as principais oportunidades de melhoria a curto prazo. Para isso, a análise está a ser feita para identificar onde o tempo de inatividade é maior e as causas responsáveis pela perda de produtividade. Quando a análise foi efectuada, verificou-se a existência de muitos defeitos/tempos de inatividade nas três células de fabrico em estudo.

O principal fator do tempo de inatividade da instalação foi encontrado no cálculo, que foi responsável pelo aumento do tempo de inatividade. Depois de definir o problema, utilizou a ferramenta Single minute of exchange (SMED) para reduzir o tempo de inatividade. Após a implementação das ferramentas SMED na linha de montagem, reduzimos o tempo de paragem na estação de ensaio de fugas. Este método foi implementado nas três células com a ajuda do SMED, reduzindo o tempo de inatividade e aumentando a produtividade. Por último, foram apresentadas algumas sugestões à empresa para melhorar o OEE, a produtividade e as ferramentas de produção optimizada.

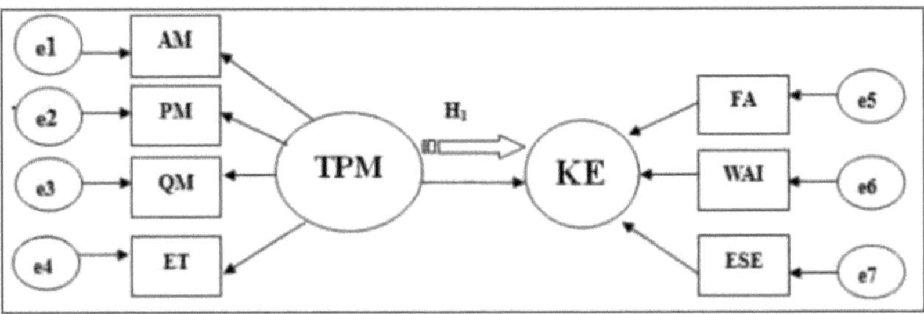

*Note: TPM=Total Productive Maintenance, AM= Autonomous Maintenance, PM=Planned Maintenance, QM=Quality Maintenance, ET=Education and Training, KE=Kaizen Event, FA=Follow-up Activities, WAI=Working Area Impact, ESE=Employee Skill and Effort,

Figura 2: Um modelo de investigação proposto (S.fore, L.zuze; 2006)

TPM significa "Manutenção Produtiva Total" e estabelece uma relação estreita entre manutenção e produtividade. TPM é uma técnica prática que visa maximizar a eficácia das instalações que utilizamos na nossa organização. A TPM estabelece um sistema de manutenção produtiva que cobre todo o ciclo de vida do equipamento, abrange todos os departamentos, envolve a participação de todos os funcionários, de cima a baixo, e promove actividades autónomas em pequenos grupos. O aumento da concorrência global aumentou a importância da manutenção produtiva total na obtenção e manutenção de uma vantagem competitiva. (Roberts, J) Cada vez mais organizações procuram ferramentas proactivas como a TPM para melhorar a sua posição competitiva. A TPM representa uma fonte potencial de melhoria para uma organização e um possível próximo passo para alargar os benefícios do conceito TQM. Envolve toda a organização e, quando implementada eficazmente, beneficia todas as secções da empresa através de uma maior eficiência e de um melhor desempenho global. No ambiente altamente competitivo, para serem bem sucedidas e alcançarem uma produção de classe mundial, as organizações devem possuir estratégias de manutenção eficientes e de produção eficazes [25-28] (Ahuja, I.P.S, Khamba, J.S. 2008).

Quadro 2: A evolução das filosofias de manutenção [Mourbay, 2002]

Geração	Antecedentes e caraterísticas do equipamento	Técnicas e filosofia de manutenção
Primeira geração (antes da Segunda Guerra Mundial)	Equipamento simples, demasiado concebido, fácil de reparar	Manutenção básica e de rotina Serviço de avarias reativo ("reparar quando está avariado")
Segunda Geração (Segunda Guerra Mundial - Final da década de 1970)	Mais complexo, maior dependência da indústria em relação à maquinaria Custos de manutenção mais elevados em relação a outros custos de funcionamento	Manutenção preventiva planeada Abordagem testada pelo tempo
Terceira geração (anos 80)	Crescimento contínuo da complexidade das instalações e aceleração da utilização da automatização Tempo de inatividade muito dispendioso Sistemas just in time mais comuns Exigência crescente de padrões de qualidade dos produtos ou serviços Legislação mais rigorosa em matéria de	Monitorização de condições, estudos de riscos, modos de falha e análise de efeitos Manutenção centrada na fiabilidade como pedra angular Sistema de informação de gestão da manutenção assistida por computador Mão de obra com competências múltiplas e trabalho em equipa Ênfase na fiabilidade e

	segurança		disponibilidade Proactivo e estratégico.

O reconhecimento da manutenção como um potencial gerador de lucros é, no entanto, um desenvolvimento bastante recente. Estes desenvolvimentos recentes da manutenção foram também traçados numa perspetiva temporal, como mostra o Quadro 3.

Quadro 3: Manutenção numa perspetiva temporal [Mourbay; 2002]

<1950	1950-1975	>1975	A partir de 2000
Mão de obra (simples)	Mecanização (Complexo)	Automatização (mais complexa)	Globalização (atravessar fronteiras)
"Reparar quando se avaria"	"Disponibilidade, longevidade e custo são os principais objectivos Manutenção preventiva e gestão de ordens de trabalho	Fiabilidade, disponibilidade, facilidade de manutenção com ênfase na segurança, qualidade e ambiente Manutenção baseada na condição, monitorização da condição, polivalência, sistema de informação de gestão da manutenção e gestão de activos	Conceito ótimo, externalização As tecnologias da informação e da comunicação são realçadas
A manutenção é "uma tarefa de produção"	A manutenção é "uma tarefa do departamento de manutenção"	A manutenção é (pode ser) "não uma função isolada" Esforços de integração	A manutenção é "parcerias externas e internas" A manutenção vai ao encontro da produção
"Mal necessário"	" Questões técnicas"	"Contribuidor de lucros"	"Parceria"

Pankaj Kumar, Ahir Lilit Kumar Yadav e Saurab Singh Chandrawat, (2013): Provide concept of lean manufacturing: A better way for enhancement in productivity. A produtividade é o impacto do trabalho conjunto das pessoas. As máquinas são apenas uma forma alargada de imaginação e energia colectivas [29]. O Lean Manufacturing é o método mais utilizado para a melhoria contínua das empresas.

Filosofia de gestão da organização centrada na redução do desperdício para melhorar o valor global para o cliente.

Os princípios de funcionamento "Lean" tiveram início em ambientes fabris e são conhecidos pela Toyota Production como uma variedade de sinónimos: Lean Manufacturing, Lean Production, System, etc. É comummente aceite que o Lean teve início no Japão.

"A atividade notável para manter baixo o preço dos produtos Ford é a restrição constante do ciclo de produção. Quanto mais tempo um artigo estiver em processo de fabrico e quanto mais for deslocado, maior será o seu custo final."

"Uma abordagem sistemática para identificar e eliminar o desperdício através da melhoria contínua, fazendo fluir o produto à medida que o cliente puxa por ele, em busca da perfeição." Tenha em mente que o Lean se aplica a toda a organização. Embora os componentes individuais ou blocos de construção do Lean possam ser tácticos e estreitamente focados, só podemos alcançar a máxima eficácia se os utilizarmos em conjunto e se os aplicarmos de forma transversal ao sistema [30].

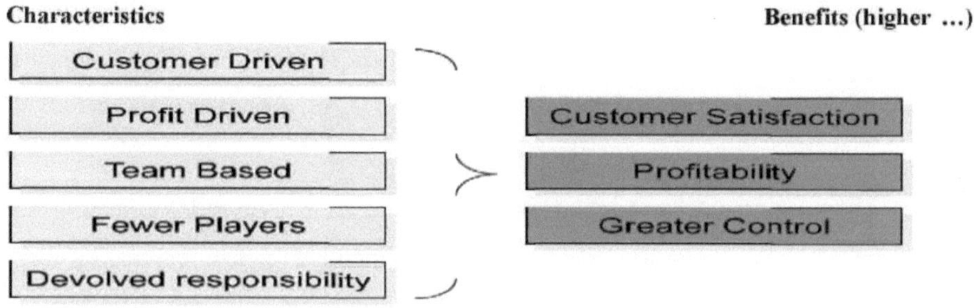

Figura 3: Caraterísticas e benefícios do Lean [Danlelkerby; 2012]

Com o objetivo de reduzir ou eliminar os desperdícios acima referidos, os profissionais Lean utilizam muitas ferramentas ou blocos de construção Lean. Os praticantes bem sucedidos reconhecem que, embora a maioria destes possam ser implementados como programas autónomos, poucos têm um impacto significativo quando utilizados isoladamente. Adicionalmente, a sequência de implementação afecta o impacto global, e a implementação de algumas delas fora de ordem pode produzir resultados negativos (por exemplo, deve abordar a mudança rápida e a qualidade antes de reduzir os lotes).

tamanhos). Os blocos de construção mais comuns estão listados abaixo. Note-se que alguns são utilizados apenas em empresas de produção, mas a maioria aplica-se igualmente às indústrias de serviços.

• Sistema Pull - A técnica de produção de peças a pedido do cliente. As organizações de serviços funcionam desta forma pela sua própria natureza. Os fabricantes, por outro lado, têm funcionado historicamente através de um Sistema Push, construindo produtos para stock (por previsão de vendas), sem encomendas firmes dos clientes.

• Kanban - Um método para manter um fluxo ordenado de material. Os cartões Kanban são utilizados para indicar os pontos de encomenda de material, a quantidade de material necessária, de onde o material é encomendado e para onde deve ser entregue.

• Células de trabalho - A técnica de organizar operações e/ou pessoas numa célula (em forma de U, etc.) em vez de numa linha de montagem tradicional em linha reta. Entre outras coisas, o conceito celular permite uma melhor utilização das pessoas e melhora a comunicação.

• Manutenção Produtiva Total - TPM capitaliza em metodologias de manutenção proactivas e progressivas e apela ao conhecimento e cooperação dos operadores, fornecedores de equipamento, engenharia e pessoal de apoio para otimizar o desempenho da máquina. Os resultados deste desempenho optimizado incluem: eliminação de avarias, redução do tempo de inatividade não programado e programado, melhor utilização, maior rendimento e melhor qualidade do produto. Os resultados finais incluem: menores custos operacionais, maior vida útil do equipamento e menores custos gerais de manutenção.

• Gestão da Qualidade Total - A Gestão da Qualidade Total é um sistema de gestão utilizado para melhorar continuamente todas as áreas de funcionamento de uma empresa. O TQM é aplicável a todas as operações da empresa e reconhece a força do envolvimento dos funcionários.

• 5S ou Organização do Local de Trabalho - Esta ferramenta é um método sistemático para organizar e padronizar o local de trabalho. É uma das ferramentas Lean mais simples de implementar, fornece retorno imediato sobre o investimento, ultrapassa todos os limites da indústria e é aplicável a todas as funções de uma organização. Devido a estes atributos, é normalmente a nossa primeira recomendação para uma empresa que esteja a implementar o Lean [31].

Sandip B. Wanave & Manish k. Bhadke, (2013): Discute uma avaliação ergonómica e uma avaliação do posto de trabalho para melhorar a produtividade. A avaliação do posto de trabalho para melhorar a produtividade, reduzindo as dores nas costas, as lesões nos ombros, a fadiga, etc. As perturbações músculo-esqueléticas (MSD) continuam a ser um enorme fardo na indústria, sendo as lesões nas costas e as perturbações nos ombros as mais comuns e dispendiosas devido à falta de um posto de trabalho adequado. Nos países industrializados, as perturbações músculo-esqueléticas relacionadas com o trabalho nos membros superiores (UL- WMSDs) são a forma mais comum de doenças profissionais [32].

Estão a gerar uma população crescente de trabalhadores com capacidade de trabalho reduzida. A relação entre estas patologias e diferentes aspectos da organização do trabalho foi comprovada de forma convincente. A produtividade é um indicador importante do crescimento económico e da saúde social. Um desempenho e uma produtividade elevados requerem uma postura sentada correta. Assim, para ter em conta este fator, o operador necessita de uma disposição adequada dos assentos, de modo a reduzir os problemas relacionados com as lesões músculo-esqueléticas e aumentar a produtividade. Verifica-se que o posto de trabalho sugerido melhora a postura de trabalho e resulta na redução do stress postural no corpo dos operadores e, consequentemente, na redução da prevalência de sintomas de LME.

Naveen Kumar & Dalgobind Mahto, (2013): Melhoria da produtividade através da análise de processos para otimizar a linha de montagem em indústrias de embalagem. O equilíbrio da linha de montagem consiste em saber como as tarefas devem ser atribuídas aos postos de trabalho, de modo a que o objetivo pré-determinado seja alcançado. A minimização do número de postos de trabalho e a maximização da taxa de produção são os objectivos mais comuns. Esta investigação apresenta o caso real de diferentes componentes fabricados em indústrias em que a melhoria da produtividade é uma preocupação primordial e existe a necessidade de equilibrar as operações em várias estações de trabalho estratégicas, a fim de aplicar a tecnologia de grupo e minimizar o custo total de produção e o número de estações de trabalho [33].

O balanceamento de linha significa balancear a linha de produção ou qualquer linha de montagem. O principal objetivo do balanceamento de linha é distribuir a tarefa uniformemente pela estação de trabalho, de modo a minimizar o tempo de inatividade do homem ou da máquina. O balanceamento de linha visa agrupar as instalações ou os trabalhadores num padrão eficiente, de modo a obter um equilíbrio ótimo ou mais eficiente das capacidades e fluxos dos processos de produção ou montagem. Assembly Line Balancing (ALB) é o termo normalmente utilizado para designar o processo de decisão de atribuição de tarefas aos postos de trabalho num sistema de produção em série. A tarefa consiste nas operações elementares necessárias para converter a matéria-prima em produtos acabados.

Shantanu Welekar & Shantanu Kulkarni, (2013): Aborda vários aspectos do círculo de qualidade e a forma como podem ser introduzidas melhorias através da adoção da prática do círculo de qualidade. Discute também as caraterísticas do círculo de qualidade, do grupo de melhoria da qualidade e do grupo de trabalho/equipa de projeto. O círculo de qualidade é um pequeno grupo de 6 a 12 trabalhadores que efectuam trabalhos semelhantes e que se reúnem voluntariamente numa base regular para identificar melhorias nas respectivas áreas de trabalho. É uma filosofia de construção de pessoas, que proporciona auto-motivação e melhora o ambiente de trabalho. Representa uma filosofia de gestão de pessoas, especialmente ao nível das bases [34].

O conceito de círculo de qualidade baseia-se principalmente no reconhecimento do valor do trabalhador como ser humano, como alguém que se esforça voluntariamente por melhorar o seu trabalho, a sua sabedoria, inteligência, experiência, atitude e sentimentos. O objetivo do círculo de qualidade é a mudança de atitude, o desenvolvimento pessoal, o desenvolvimento do espírito de equipa e a melhoria da cultura organizacional.

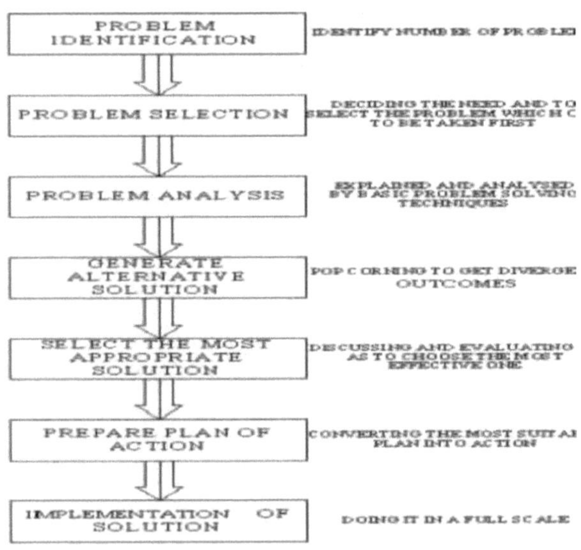

Figura 4: Funcionamento do Círculo de Qualidade [Metz.E.J; 2012]

Md.Enamul Kabir, S.M. Mahbubul Islam Boby & Mostafa Lutfi, (2013): A

globalização, a tecnologia avançada e o aumento das exigências sofisticadas dos clientes alteram a forma de conduzir os negócios. Os antigos modelos de negócio já não funcionam na nova economia. A taxa de defeitos do produto desempenha um papel importante para a melhoria do rendimento e das condições financeiras de qualquer empresa. Os objectivos do presente documento consistem em estudar e avaliar os processos da organização em causa, descobrir o nível sigma atual e, finalmente, melhorar o nível sigma existente através da melhoria da produtividade. De acordo com os objectivos, o nível sigma atual foi calculado e foram dadas sugestões de melhoria. Para o efeito, foi utilizado o ciclo DMAIC de seis sigmas.

Especialmente na fase de melhoria do ciclo DMAIC, são utilizadas diferentes ferramentas de melhoria, como o 5s, o supermercado e o equilíbrio de linhas, etc. A utilização destas ferramentas permitiu melhorar a produtividade através da redução da taxa de defeitos. Este trabalho de investigação foi realizado numa empresa de fabrico de ventiladores para mostrar como melhorar a sua produtividade e qualidade através da utilização do Seis-Sigma. Este trabalho não se aplica apenas a uma empresa de fabrico de ventiladores, mas também a qualquer outro tipo de organização. A implementação do Six-sigma permite uma sincronização perfeita entre custo, qualidade, tempo de produção e tempo de controlo [35-36].

Prathamesh P. Kulkarni, Sagar S. Kshire & Kailash V. Chandratre, (2014):
Apresenta uma panorâmica geral sobre uma nova metodologia combinada para a melhoria eficiente da produtividade com a ajuda de vários métodos de estudo do trabalho associados aos princípios e ferramentas do Lean Manufacturing. As ferramentas do Lean Manufacturing são uma das metodologias mais influentes e mais eficazes para eliminar os desperdícios (MUDA), controlar a qualidade e melhorar o desempenho global de qualquer máquina, sistema ou processo em qualquer indústria com a garantia total de grandes margens de lucro anuais. Esta investigação prescritiva propõe soluções e conceitos genuínos para a implementação de Métodos de Estudo do Trabalho e para a utilização de ferramentas associadas ao Lean Manufacturing em qualquer empresa ou indústria, abrangendo os aspectos técnicos, de engenharia e de fabrico, bem como as questões de etiqueta empresarial [38]. Conclui que o Lean Manufacturing, juntamente com os Métodos de Estudo do Trabalho, sendo a área de estudos mais sofisticada e vasta, tem uma enorme margem de manobra para a implementação e aplicação dos seus próprios conceitos.

S. Krishna Kumari, A.N. Balaji & R. Sundar, (2014): Implementing lean manufacturing for improving productivity. O ambiente empresarial competitivo e dinâmico obrigou as empresas de grande e pequena dimensão a reexaminarem os seus métodos de fazer negócios. Nas últimas décadas, as indústrias de grande escala implementaram o sistema Lean para se manterem num ambiente dinâmico. Mas as indústrias de pequena dimensão ignoraram a implementação do sistema Lean devido a factores económicos. Os benefícios da implementação do método lean no sector de grande dimensão levam agora o sector de pequena dimensão a implementar o método lean. Esta investigação aborda um estudo de caso de indústrias de pequena dimensão. O estudo considera o sistema de peça única orientado para a procura - pode ser implementado na indústria de semi-processamento. O estudo de caso é amplamente descrito para que se possa avaliar de que forma o contexto das mudanças e o processo de intervenção contribuem para os resultados da intervenção. Além disso, este estudo de caso ilustra o potencial oculto existente nas pequenas empresas.

O seu objetivo final é eliminar os desperdícios e as actividades sem valor acrescentado em todos os processos de produção ou de serviço, a fim de proporcionar a maior satisfação possível ao cliente [38].

Roongrat Pisuchpen & Wongsakorn Chansangar, (2014): Este estudo teve como objetivo modificar a linha de produção de lentes de plástico para visão CR39, a fim de melhorar a sua produtividade. Foram utilizadas técnicas de estudo do trabalho e de equilíbrio da linha, a fim de melhorar o ponto de estrangulamento no processo de fabrico. O tempo padrão foi medido. O resultado mostra que a produtividade aumentou em 1.257 peças por dia e a produtividade do trabalho aumentou de 82 para 88 peças por homem-hora. No entanto, esta capacidade de produção melhorada continuava a ser inferior à capacidade pretendida. Por conseguinte, foram propostas três alternativas adicionais. Foi utilizado um modelo de simulação para analisar estas alternativas [39]. Os resultados revelaram que, ao utilizar o cenário de custo de produção unitário mais baixo, foram acrescentados mais trabalhadores e máquinas ao ponto de estrangulamento da linha de produção. A produtividade foi então aumentada em 7.738 peças por dia, ou seja, uma melhoria de 44%, que atingiu a produtividade pretendida, e a utilização média dos recursos foi de 89%, o que satisfez os objectivos.

Pramod A. Deshmukh & A.B. Humbe, (2014): Using Six Sigma for improving productivity. Seis Sigma é uma filosofia baseada na definição de objectivos atingíveis a curto prazo, ao mesmo tempo que se procura atingir objectivos a longo prazo. O Seis Sigma é uma abordagem altamente disciplinada utilizada para reduzir as variações do processo até ao ponto de o nível de defeitos ser drasticamente reduzido para menos de 3,4 por milhão de oportunidades de processo, produto ou serviço (DPMO). Em muitas organizações, o Seis Sigma significa simplesmente uma medida de qualidade que procura atingir a perfeição. O

Seis Sigma é uma abordagem e uma metodologia disciplinadas e baseadas em dados para eliminar defeitos (com vista a atingir seis desvios-padrão entre a média e o limite de especificação mais próximo) em qualquer processo, desde o fabrico ao transacional e do produto ao serviço. O método Seis Sigma permite-nos estabelecer comparações com outros produtos, serviços e processos semelhantes ou diferentes. Desta forma, podemos ver o quanto estamos à frente ou atrás. O Seis Sigma ajuda-nos a estabelecer o nosso rumo e a avaliar o nosso ritmo na corrida para a satisfação total do cliente.

O trabalho é realizado na Tulja Engineering Aurangabad, uma unidade de fabrico de média escala. O projeto visa reduzir o tempo de troca de ferramentas na estação de rebolos. Este problema foi corrigido em grande medida com a utilização de Métricas. Porquê? Porquê? e técnicas de análise da causa raiz. Espera-se que este trabalho aumente o número de utilizadores do Seis Sigma após o impacto deste resultado no desempenho da empresa [40].

Os autores tentam provar que os seis sigma podem ser implementados com a abordagem de melhoria existente em indústrias de pequena e média dimensão. O Seis Sigma também pode ser utilizado para resolver problemas complicados, que podem ser de natureza técnica ou não técnica. Concluímos que uma implementação bem sucedida necessita do apoio da gestão de topo, do envolvimento das pessoas envolvidas, de infra-estruturas organizacionais, da formação de mão de obra e de uma análise exaustiva dos processos.

B. Naveen & Dr. T. Ramesh babu, (2015): Utilização de ferramentas de engenharia industrial para melhorar a produtividade. No mundo cada vez mais competitivo de hoje, é importante melhorar constantemente, quer se trate de uma indústria transformadora ou de serviços. A qualidade com quantidade é uma caraterística principal que ajuda uma empresa a manter-se na concorrência. Ultimamente, a tecnologia tem dado saltos de desenvolvimento, o que provocou um aumento das exigências dos clientes. O principal objetivo é estudar a capacidade atual, analisá-la para encontrar áreas de melhoria e apresentar uma proposta de melhoria para satisfazer o aumento previsto da procura. Neste estudo, apresenta-se o desempenho atual das saídas e da capacidade da fábrica, calculado com base em dados contínuos recolhidos no chão de fábrica [41]. Em cada posto de trabalho, o tempo de processamento é diferente e o posto de trabalho que consome mais tempo será identificado como posto de trabalho com estrangulamento. A estação de estrangulamento identificada será analisada para reduzir o tempo de processamento, o que aumenta a taxa de produção.

Harmeet K. Chhabra & Ashish Manoriya, (2015): Desenvolver um mapeamento do fluxo de valor da qualidade (Q-VSM) para uma produção numa empresa de fabrico de transformadores pesados na Índia. O processo começa com a criação de um mapa do estado atual (CSM) e compreende o fluxo de produção e os tempos de ciclo actuais. Isto fornece a informação atual necessária para produzir um mapa do estado futuro (FSM). O objetivo é identificar e eliminar os desperdícios e os materiais não acrescentados, ou seja, qualquer atividade que não acrescente valor ao produto final de fabrico, no processo de produção da empresa. Para recolher a informação necessária, o estudo foi realizado nas instalações de produção da empresa, de modo a permitir ao investigador adquirir conhecimentos e familiarizar-se com o fluxo de produção e as actividades realizadas no chão de fábrica da empresa. Foram registados parâmetros como o tempo de trabalho, os tempos de ciclo, os tempos de paragem e o trabalho em curso para o inventário e os materiais de fabrico, bem como os percursos do fluxo de informação. Foi utilizado o software de simulação "ARENA", baseado num computador de alto desempenho, para simular e analisar o fluxo do processo e os tempos de trabalho. Os resultados da análise mostram que há áreas em que a empresa pode melhorar ainda mais o seu sistema de produção industrial (MPS). Os resultados mostram uma melhoria da eficiência de fabrico até 64% com base na nova disposição proposta para o layout. Por conseguinte, a proposta de disposição do chão de fábrica será orientada para a empresa de modo a melhorar o seu sistema de produção industrial [42].

Nagaraj A Raikar, Prasanna Kattimani & Gaurish Walke, (2015): Using Spaghetti Diagram for Identification and Elimination of Waste Movements in Shop Floor for OEE Improvement". Os objectivos empresariais são principalmente o crescimento a longo prazo e a rentabilidade, que só podem ser alcançados através do aumento da produtividade. As avarias frequentes das máquinas, o elevado tempo de mudança de produção e os elevados custos de fabrico estão a tornar-se uma grande ameaça. O principal objetivo do autor para manter a investigação é melhorar o OEE para satisfazer a crescente procura dos clientes sem aumentar a capacidade, cumprindo assim os objectivos empresariais. Este documento demonstra a necessidade de ultrapassar a maior parte dos estrangulamentos resultantes da indisponibilidade do equipamento para a utilização dos recursos e para gerir o processo de forma mais eficaz. A melhoria do OEE foi possível através da redução das mudanças e do tempo de ciclo e do desenvolvimento da cultura da força de trabalho em consonância com as melhorias visadas. O resultado desta investigação pode esperar uma melhoria acentuada da produtividade com a melhor utilização da capacidade, juntamente com um produto de qualidade correta, no momento certo [43].

Ashish Kalra, Sachin Marwah, Sandeep Shrivastava & Rajesh Bhatia, (2016): Melhorar a produção através da redução do tempo de ciclo das operações. O presente estudo foi realizado numa das mais famosas indústrias automóveis, um dos principais fabricantes de tractores. O objetivo do estudo é identificar vários problemas na linha de montagem que estão a provocar a paragem da linha de montagem. Existem duas linhas de montagem: a linha de montagem traseira e a linha de montagem dianteira, tendo o trabalho sido efectuado na linha de montagem dianteira [44]. O problema do gargalo é encontrado na linha de montagem da frente e é resolvido reduzindo o tempo de ciclo das operações através da utilização de técnicas de estudo do trabalho e de técnicas de manuseamento de materiais, tendo-se verificado que o tempo de ciclo da operação de gargalo foi reduzido em 14,66% por carrinho.

A. Sai Nishanth Reddy, P. Shrinath Rao & Rajlaxmi G., (2016): Discutir o estudo do tempo para melhorar a produtividade. Atualmente, o padrão de competitividade económica mudou a nível mundial. Muitos países aderiram à concorrência económica global para conquistar o mercado mundial, a fim de se manterem rentáveis e competitivos através do aumento da sua produtividade. São muitos os factores que influenciam a produtividade de uma organização industrial. A questão mais amplamente abordada é como melhorar a eficiência e a produtividade. A técnica de estudo do movimento e do tempo é uma das técnicas de melhoria da produtividade utilizadas em muitas empresas transformadoras. O estudo do movimento e do tempo é definido como um método de análise científica concebido para determinar a melhor forma de executar uma tarefa repetitiva e para medir o tempo gasto por um trabalhador médio para realizar uma determinada tarefa num local de trabalho fixo. Nas indústrias transformadoras, a linha de montagem é também outra área importante a ter em consideração para aumentar a produtividade. Ao longo do estudo, o objetivo é propor um novo sistema à empresa em questão para aumentar a sua produtividade. O objetivo desta investigação é discutir questões relacionadas com a implementação de estudos de movimento e tempo e o equilíbrio da linha de montagem e a sua influência na melhoria da produtividade [45]. Os dados de um estudo efectuado numa amostra de aparelhos solares de pequena escala da indústria transformadora mostram que a implementação de estudos de tempo e movimento e o equilíbrio da linha de montagem contribuem positivamente para alcançar a produtividade.

QUADRO 4: Revisão da literatura (resumo)

Sr.no.	Autor(ano)	Contribuição
1	Mohamed Zaki Ramadan, (2012)	Discute um quadro matemático que aborda um programa de planeamento da melhoria ao nível da organização.
2	Aaditya Choubey, (2012)	Estudar as etapas iniciais da manutenção produtiva total numa organização e o seu efeito na melhoria da eficiência global do equipamento.
3	K. Jeya Kumar, D. Jebakani & A. Krishnaveni, (2012)	Centrado na agilidade para melhorar a produtividade.
4	Rahul Joshi & Prof. G.R.Naik, (2012)	Melhorar o processo utilizando o mapeamento do fluxo de valor.
5	Prof. Sajidali M. Hatturkar, (2012)	Utilização da Melhoria Rápida do Ciclo para melhorar a produtividade.
6	Asim kumar Tilkar e Prof. Ravi Nagaich,(2013)	Uma abordagem de estudo de caso para melhoria da produtividade e cálculo da eficácia global do equipamento.
7	Pankaj kumar ; Ahir Lilit kumar yadav e Saurab Singh Chandrawat, (2013)	Conceito de fabrico enxuto: Uma melhor forma de aumentar a produtividade.
8	Sandip B. Wanave e Manish K.Bhadke, (2013)	Uma avaliação ergonómica e uma avaliação do posto de trabalho para melhorar a produtividade de uma empresa.
9	Naveen Kumar e Dalgobind Mahto, (2013)	Melhoria da produtividade através da análise de processos para otimizar a linha de montagem nas indústrias de embalagem.
10	Shantanu Welekar e Shantanu kulkarni, (2013)	Aborda vários aspectos do círculo de qualidade e a forma como se pode melhorar a adoção das práticas do círculo de qualidade nas indústrias.
11	Md.Enamul Kabir, S.M. Mahbubul Islam Boby & Mostafa Lutfi, (2013)	Utilização do ciclo Six Sigma DMAIC para melhorar a produtividade de uma indústria.

12	Prathamesh P. Kulkarni, Sagar S. Kshire & Kailash V. Chandratre, (2014)	Apresenta uma visão geral sobre uma nova metodologia combinada para a melhoria eficiente da produtividade com a ajuda de vários métodos de estudo do trabalho associados aos princípios e ferramentas do Lean Manufacturing.
13	S. Krishna Kumari, A.N. Balaji & R. Sundar, (2014)	Implementação da produção optimizada para melhorar a produtividade.
14	Roongrat Pisuchpen & Wongsakorn Chansangar, (2014)	Foram utilizadas técnicas de estudo de trabalho e de equilíbrio de linhas para melhorar o ponto de estrangulamento no processo de fabrico.
15	Pramod A. Deshmukh & A.B. Humbe, (2014)	Utilização do Six Sigma para melhorar a produtividade.
16	B. Naveen & Dr. T. Ramesh babu, (2015)	Utilização de ferramentas de engenharia industrial para melhorar a produtividade.
17	Harmeet K. Chhabra & Ashish Manoriya, (2015)	Desenvolver um mapeamento do fluxo de valor da qualidade (Q- VSM) para uma produção numa empresa de fabrico de transformadores pesados na Índia.
18	Nagaraj A Raikar, Prasanna Kattimani & Gaurish Walke, (2015)	Utilização do Diagrama de Esparguete para Identificação e Eliminação de Movimentos de Desperdício no Chão de Fábrica para Melhoria do OEE.
19	Ashish Kalra, Sachin Marwah, Sandeep Shrivastava & Rajesh Bhatia, (2016)	Melhorar a produção através da redução do tempo de ciclo das operações.
20	A. Sai Nishanth Reddy, P. Shrinath Rao & Rajlaxmi G., (2016)	Discutir o estudo do tempo para melhorar a produtividade.

Capítulo 3

ESTUDO DE CASO-VARNOJ INDSUTRIAL PRODUCTS, NBH

Introdução

Varnoj Industrial Products, Nimbahera um fabricante e fornecedor de componentes fabricados/maquinaria, equipamentos de controlo da poluição atmosférica, equipamentos de manuseamento de materiais e implementos agrícolas.

Varnoj Industrial Products é uma empresa de fabrico de bens de engenharia estabelecida em 2002 por Sh. P.N.Jethwani (Proprietário) na Área Industrial RIICO, Nimbahera, e Distt. A área coberta da fábrica é de 25000 pés quadrados e é facturada em 25000 pés quadrados. Com activos fixos de Rs. Cinco milhões, o volume de negócios anual da empresa do grupo é de Rs. Oito milhões, o volume de negócios do nosso grupo é de Rs 80 milhões.

A empresa está a satisfazer as necessidades das fábricas de cimento, fertilizantes químicos, energia térmica e máquinas de processamento de pedra. A empresa foi galardoada com a certificação ISO 9001-2008. Certificação do Sistema de Qualidade, pelos Serviços de Certificação Internacional, que combina, fabrico, instalação e serviços pós-venda do sistema.

A empresa segue sempre o objetivo de:

a)   A qualidade é permanente

b)   O cliente é o centro eterno

c)   A concorrência é a força motriz

d)   A marca VIP é o seu objetivo

Os produtos da Varnoj Industrial têm as cinco caraterísticas seguintes:

❖   INOVAÇÃO

❖   TECNOLOGIA

❖   QUALIDADE

❖   SERVIÇO

❖   PREÇOS

Gama de produtos

Equipamentos de manuseamento de materiais

1.   Tambores / polias de correias transportadoras

2.   Polias transportadoras (todos os tipos)

3.   Estruturas de polias transportadoras

4.   Estruturas de suporte de alinhamento automático

5.   Estruturas de retorno auto-alinhadas

6.   Baldes para elevador

7.   Baldes recuperadores

8.   Transportadores de parafuso

9.   Transportador de avental

10.   Transportador de vaivém

11.   Transportador circular

12.   Transportador Redder

13.   Desviador de sacos

14.   Escorregas de tobogã

15.   Desviadores

B.   Equipamentos de processo

1.   S.S 310 Tubo de imersão.

2.   P.C. Bocal de queima de carvão

3.   Amostrador em linha para pó / poeira

4.   Filtros de mangas / Colectores de pó

5.   Câmara de vácuo rotativa

6.   Sistema de transporte pneumático

7.   Escorregas de ar, caixas de rotação, caixas de descarga, ventiladores

8.   Porta de correr

9.   Amortecedores

10.   Metálico / Não Metálico Exp. Juntas

11.   Âncoras S.S. / Fixadores S.S.

12.   Agitador de carvão

C.   Conjunto de silenciadores D.G.

1.   Silenciador de gases de escape

2.   Filtros de admissão de ar

3.   Todos os tipos de flanges IBR / Não IBR

Sistema de compressão

1.   Filtro de aspiração do banho de óleo

2.   Secadores de ar

E.   Equipamentos de controlo da poluição atmosférica

1.   Filtro de mangas / Coletor de pó de mangas

2.   Gaiolas

3.   Venturies

4.   Válvula de aba dupla

5.   Amortecedores

6.   Peças completas do mecanismo de rapinagem

7.   Martelos de bater

8.   Barras de choque

F.   Diversos Artigos

1.   Chaminé M.S.

2.   Grelhas

3.   Parafusos de fundação

4.   Persianas de enrolar

Carring idler frame

Idler Rollers

Screw conveyor

Rotary Air lock

Damper valve

Fan impeller

Figura 5A: Gama de produtos

Foundation bolts n nuts

Elevator Buckets

Scaffolding Jali

Exhaust Gas Silencer

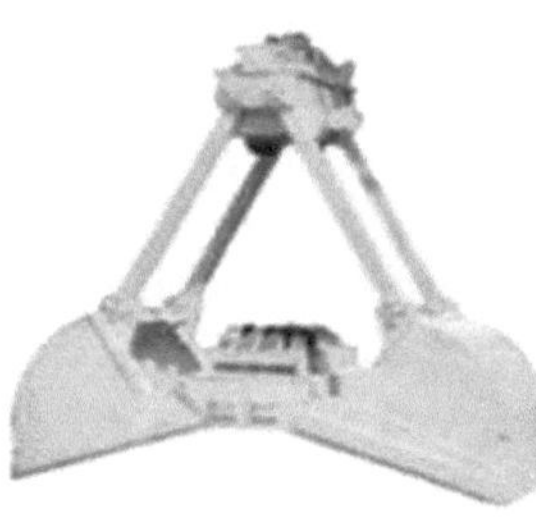

Grab Buckets

Figura 5B: Gama de produtos

Tail-Pulley

Screw for Conveyor

SS 310 Dip tube

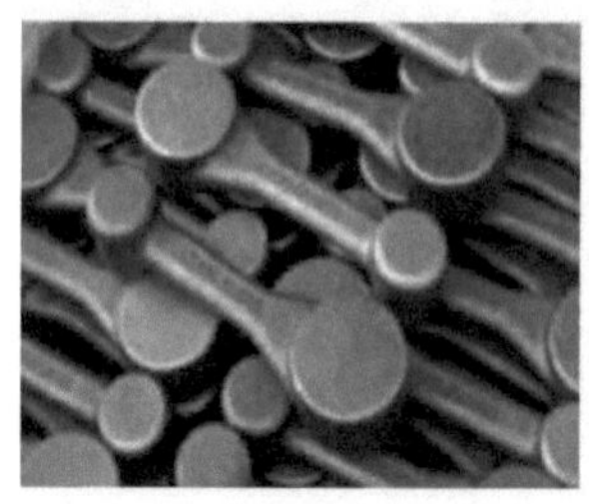

Hammers

Gratings

Slide gate

Figura 5C: Gama de produtos

Lista de empregos especiais

Sr.No.	Descrição do trabalho	Quantidade	Observação
1.	Fabrico e fornecimento de DG. Silenciador (Rs. 2 Lacs cada)	8 N°s	

2.	Fabrico e fornecimento de bicos de incineração de carvão(Rs. 2,15 lacs cada)	22 Números	
3.	Fabrico e fornecimento de componentes ESP	16Lotes	
4.	Fabrico e fornecimento de máquinas de corte de pedra	5 Nºs	
5.	Fabrico e fornecimento de pontes de pesagem	4 Nºs	
6.	Fabrico e fornecimento de caixas de pesagem, Air Slide,	2 Lotes	
7.	Fabrico e fornecimento de transportadores de parafuso	6 Nºs	
8.	Fabrico e fornecimento de agitadores de carvão	1 Não	
9.	Fabrico e fornecimento de auto-amostradores	1 Nºs	
10.	Fabrico e fornecimento de tubos de imersão (Rs.8.50 Lac cada)	1 Nºs	
11.	Fabricação e fornecimento de rotor de triturador de carvão Eixo (Rs.1.56 Lac cada)	1 Nºs	
12.	Fabrico e fornecimento de coberturas para tapetes transportadores (Rs.3.19 Lac)	110 Nºs	
13.	Fabrico e fornecimento de martelo para braços (1,83 lac)	48 Nºs	
14.	Reparação e montagem do rotor do triturador Rs. 60000/- Cada	1 Nºs	
15.	Fabrico e fornecimento de rodapés (1,24 milhões de rupias)	1 Lote	

Máquinas instaladas

Sr.No.	Máquina	Quantidade
1.	Torno a) 20'comprimento da cama, 2.4Mtr.Swing b) 4' comprimento da cama c) Cama de 10' de comprimento	1 Nº 2 Nº 2 Nº
2.	Máquina de perfuração radial 1,2 mtr de raio X 2 mtr de altura	1Nós
3.	Máquina de perfuração tipo pilar	3 Nºs
4.	Máquina Shaper Curso lateral 600mm Curso 750 mm	1 Nºs
5.	Prensa de potência Cap. 5 MT	1 Nºs

6.	Prensa hidráulica Cap. 100MT	1 Nºs
7.	Serra eléctrica (hidráulica)	2 Nºs
8.	Máquina para dobrar chapas 20mm X 1500 mm	2 Nºs
9.	Fresadora Fresadora universal com acessório de corte de cremalheira / ranhura Curso vertical --- 300 mm Mesa deslizante (Deslocação lateral -1000mm)	1 Nºs
10.	Máquinas para chapas metálicas a) Máquina para dobrar chapas (25 mm de espessura) b) Máquina para laminar chapas (16 mm de espessura) c) Máquina de ranhurar	1 Nºs 1 Nºs 1 Nºs
11.	Máquina de jato de areia com compressor de ar	1 Nºs
12.	Equipamentos de soldadura a) Máquina de soldadura MIG b) Conjunto de rectificadores de soldadura	1 Nºs 9 Nºs
13.	H.O.T Grua suspensa Cap. 5 MT Capa de guindaste Hydra. 12 MT	1 Nºs 2 Nºs
14.	Diversos. a) Aquecedor de banho de óleo para têmpera b) Forno de eléctrodos de soldadura c) Placa de superfície	1 Nºs 4 Nºs 1 Nºs
15.	Lista de instrumentos de medição a) Micrómetro **exterior/interior** b) Vernier Caliper c) Calibre comparador d) Calibre de enchimento e) Calibre de rosca f) Calibre de arame g) Régua de cálculo h) Nível mestre	2 Lote
16.	Máquina de corte "Plasma" para trabalhos de S.S.	1 Conjunto

Lathe machine

Shaper machine

Drilling machine

Milling machine

Hydraulic press

Welding rectifier

Figure 6:   Máquinas instaladas

Principais clientes

1. J.K. Cement Ltd.

2. J.K. White Cement Ltd.

3. Grasim Industries Ltd. Aditya, Vikram, Birla White

4. DSCL, Kota

5. EM-G-EM, Mumbai

6. Walchand nagar Industries ltd, Pune

7. Schenck Jenson & Nicholson Ltd., Ranchi

8. Binani Cement Ltd.

9. China National Machinery & Elec. Empresa.

10. Vedanta, Hindustan Zinc Ltd.

11. JayPee Associates, Rewa.

12. Larsen & Toubro Ltd.

13. Baltec Systems Pvt. Ltd

14. Lloyds Insulations Pvt. Ltd.

15. GIL, Dadri (Gaziabad)

16. Nuclear Power Corporation of India Ltd., Rawatbhata

17. Fábrica de água pesada, Kota

18. Hindustan Construction Company

19. Thermax International Ltd.

Figure 7: **Principais clientes**

Lista dos trabalhos especiais efectuados no âmbito da inspeção por terceiros

Sr.No.	Item / Descrição do trabalho	Cliente	Inspeção
1.	Fornecimento de estruturas para a fábrica de bagaço de Moore, etc., em HZL, Dabari	Walchandnagar Indústrias	Hindustan Zinc Ltd.
2.	Fornecimento de estruturas para o transportador de correia em HZL, Chanderia	Walchandnagar Indústrias	UHDE Lda.
3.	Fornecimento de filtro de mangas e sistema de despoeiramento	Vikram Cement, Khor (M.P.)	Larsen & Toubro Kansbahal
4.	Fornecimento de estrutura de transporte de tubos	Vikram Cement, Khor (M.P.)	FFE Minerals Ltd. Chennai
5.	Fornecimento de moinho de cimento Componente ESP	J.K. Cement Ltd. NBH	Baltec Systems Ltd. Pune

6.	Fornecimento de estruturas para a proteção das extremidades e para o armazém de enchimento de bolas	Energia nuclear Empresa de India Ltd.	ASI Consultants, Vadodara-

Plano de processo para a oficina de fabrico de aço

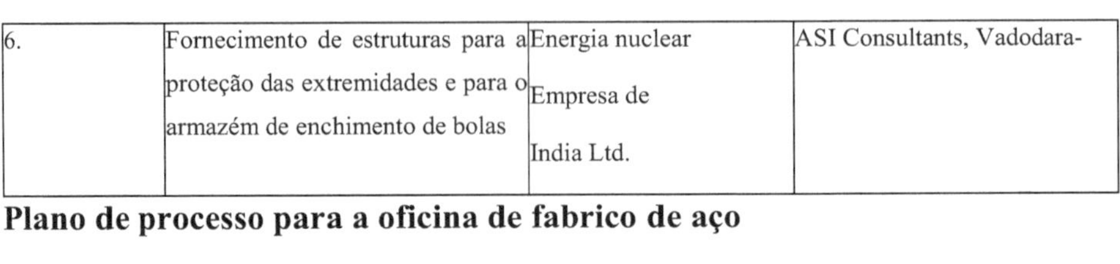

Figura 8: Oficina de fabrico

Plano de processo para a oficina mecânica

44

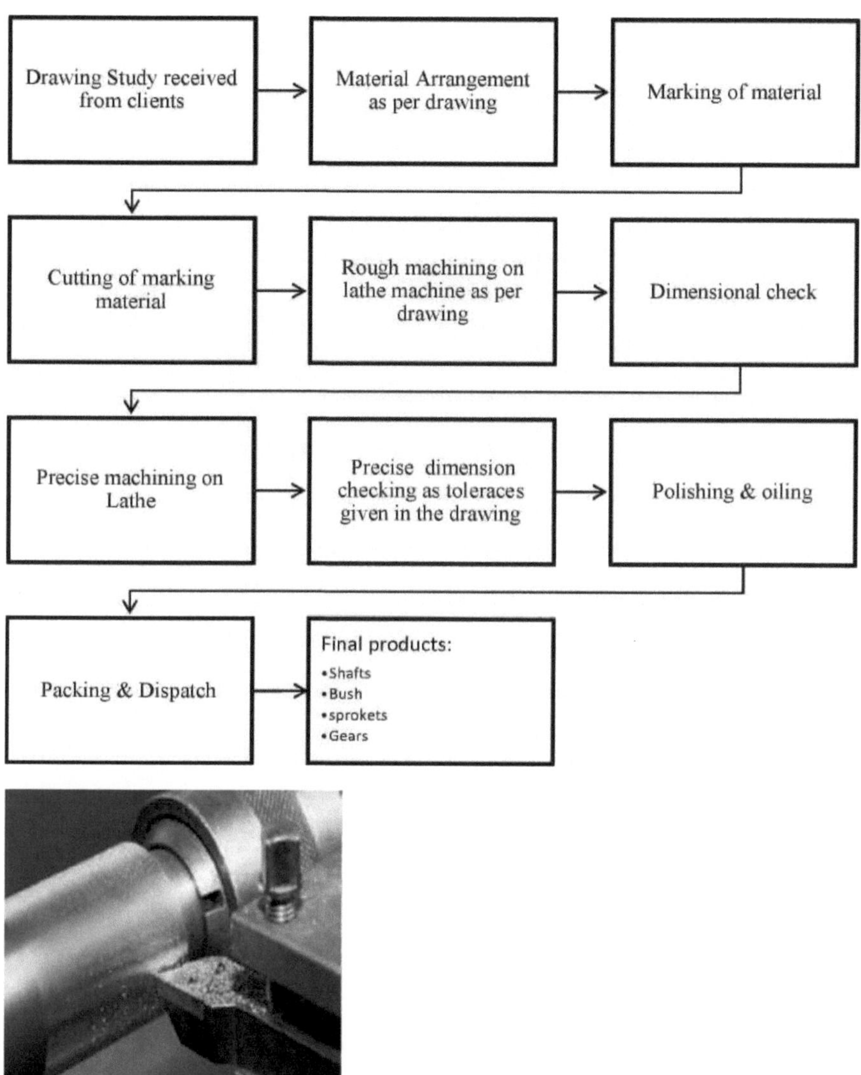

Figura 9: Oficina de maquinagem

Capítulo 4

ANÁLISE DE DADOS

Metodologia

1. Compreender o processo e reconhecer os principais factores de produção.

2. Recolha de dados numa base mensal relativos à produção e a todos os factores de produção essenciais.

> A entrada inclui: Matéria-prima; Humanos; Energia; Despesas diversas;

Percentagem de rejeição; Percentagem de utilização da capacidade.

> A Produção inclui: Todos os bens ou produtos produzidos ou vendidos.

3. Realização de regressão linear pelo software SPSS e análise dos resultados.

4. Obtendo uma relação matemática, expressando a saída é uma função exponencial das várias entradas.

5. Identificação de todas as restrições, incluindo os limites superior e inferior das variáveis.

6. Obtenção de uma expressão de entrada como uma equação de factores-chave de entrada.

7. Identificar os níveis actuais de produção, de entradas e de produtividade.

8. Desenvolvimento de estratégias para melhorar a produtividade.

9. Otimização de todas as estratégias, utilizando o software LiPS versão 1.11.1.

10. Validar a relação matemática numa base mensal durante três meses, comparando a produção prevista com a produção efectiva.

Recolha de dados

Os dados foram recolhidos dos vários departamentos da Varnoj Industrial Products, NBH. como pessoal, MIS, chão de fábrica, contabilidade, finanças, etc. foram registados mensalmente de Jan2015 a Dez2016, um período de 24 meses.

Os dados foram recolhidos em várias rubricas, tais como a produção (variável dependente), a matéria-prima, o fator humano, o consumo de energia, as despesas diversas, a percentagem de rejeição e a utilização da capacidade (variáveis independentes).

A produção é registada em kg por mês, as entradas, como a matéria-prima, são registadas em kg por mês, o homem em homem/hora, a energia em kw/hora, as despesas diversas em rs, a rejeição em percentagem e a utilização da capacidade em percentagem, respetivamente.

Sr.No.	Mês	Y	X1	X2	X3	X4	X5	X6
		Saída	Matéria-prima	Humano	Energia	Despesas Mis	% Rejeição	% de utilização da capacidade
		(Kg)	(Kg)	(Manhr)	(KWH)	(RS)	(%)	(%)
1	Jan-15	15057.14	16883.08	6696	3030	37200	1	70
2	Fev-15	15600.00	17076.92	8160	3100	43400	2	50
3	Mar-15	16828.57	18218.46	9176	3193	55800	6	90
4	abril-15	11314.29	12369.23	4560	2576	19600	5	80
5	maio-15	16120.00	17073.85	8184	3150	49600	6	90
6	Jun-15	17980.00	19696.92	9672	3286	62000	8	70
7	Jul-15	18342.86	19476.92	9840	3300	62000	5	80
8	Ago-15	15677.14	17455.38	6696	3120	49600	6	70
9	Set-15	11360.00	11932.31	4480	2670	21700	7	70
10	Out-15	14525.71	16596.92	6944	2940	36000	3	50
11	Nov-15	15600.00	17400.00	7200	3105	46500	4	60
12	Dez-15	16385.71	16978.46	6696	3162	52700	3	40
13	Jan-16	15322.86	15929.23	7192	3090	37500	5	80
14	Fev-16	16628.57	17169.23	7200	3180	54000	3	40
15	Mar-16	16285.71	16615.38	7920	3162	51000	6	80
16	Abr-16	18600.00	19792.31	9672	3317	63000	2	50
17	maio-16	15765.71	16716.15	8680	3131	49600	7	70
18	Jun-16	16928.57	17769.23	8400	3197	55800	6	70
19	Jul-16	12842.86	13830.77	6448	2856	31000	4	50
20	Ago-16	19285.71	18692.31	9120	3348	66000	2	50
21	Set-16	17625.71	18123.08	8680	3260	57000	4	60
22	Out-16	19707.14	20269.23	9920	3379	77500	7	80
23	Nov-16	17600.00	18092.31	9184	3255	21700	5	70
24	Dez-16	17625.71	18981.54	9920	3275	57000	4	60

Efetuar a análise de regressão dos dados no SPSS, tendo como variável dependente a Produção e como variáveis independentes a matéria-prima, os recursos humanos, a energia, as despesas diversas, a rejeição e a utilização da capacidade.

Regressão Linear

A regressão linear é uma abordagem para modelar a relação entre uma variável dependente escalar y e uma ou mais variáveis explicativas (ou variáveis independentes) denotadas X. Isto envolve o cálculo de uma linha reta que se ajusta aos pontos de dados. A linha reta que liga quaisquer duas variáveis X e Y pode ser expressa algebricamente da seguinte forma

$$Y = a + bX$$

Onde a é chamado de interceção Y, ou simplesmente a interceção, e b é o declive da reta. Se a interceção e o declive da reta puderem ser determinados, então isso determina inteiramente a reta.

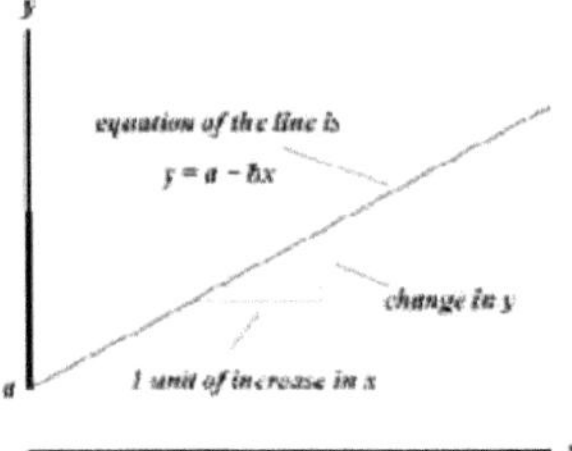

Figura 10: Representação esquemática de uma linha reta

Regressão linear: $Yi = \beta_0 + \beta_1 x_i + \varepsilon_i$

- Y_i - Outcome of Dependent Variable (response) for i^{th} experimental/sampling unit
- X_i - Level of the Independent (predictor) variable for i^{th} experimental/sampling unit
- $\beta_0 + \beta_1 X_i$ - Linear (systematic) relation between Y_i and X_i (aka conditional mean)
- β_0 - Mean of Y when $X=0$ (Y-intercept)
- β_1 - Change in mean of Y when X increases by 1 (slope)
- ε_i - Random error term

Note-se que β_0 e β_1 são **parâmetros** desconhecidos.

Medidas de variação

Somas de quadrados

- Soma total de quadrados = Soma de quadrados da regressão + Soma de quadrados do erro

  - Total variation = Explained variation + Unexplained variation
  - Total sum of squares (Total Variation): $SST = \sum_{i=1}^{n} (Y_i - \bar{Y})^2 \qquad df_T = n - 1$
  - Regression sum of squares (Explained Variation): $SSR = \sum_{i=1}^{n} (\hat{Y}_i - \bar{Y})^2 \qquad df_R = 1$
  - Error sum of squares (Unexplained Variation): $SSE = \sum_{i=1}^{n} (Y_i - \hat{Y}_i)^2 \qquad df_E = n - 2$

Coeficientes de determinação e correlação

Coeficiente de determinação

- Proporção da variação em Y "explicada" pela regressão em X

- $r^2 = \dfrac{\text{exp}\textit{lained var iation}}{\textit{total} \text{ var } \textit{iation}} = \dfrac{SSR}{SST}$ $\qquad 0 \le r^2 \le 1$

Coeficiente de correlação

- Medida da direção e da força da associação linear entre Y e X

- $r = sign(b_1)\sqrt{r^2}$ $\qquad -1 \le r \le 1$

Erro padrão da estimativa (desvio padrão residual)

- Estimated standard deviation of data $\qquad (V(Y_i) = V(\varepsilon_i) = \sigma^2)$

- $S_{YX} = \sqrt{\dfrac{SSE}{n-2}} = \sqrt{\dfrac{\sum\limits_{i=1}^{n}\left(Y_i - \hat{Y}_i\right)^2}{n-2}}$

Pressupostos do modelo

- Erros normalmente distribuídos

- Heteroscedasticidade (variância de erro constante para Y em todos os níveis de $X)$

- Erros independentes (normalmente verificados quando os dados são recolhidos ao longo do tempo ou do espaço)

Análise residual

Residuals: $e_i = Y_i - \hat{Y}_i = Y_i - (b_0 + b_1 X_i)$

Parcelas

- Gráfico de e_i vs Y_i Pode ser utilizado para verificar se existe uma relação linear, uma variância constante

- Se a relação for não linear, surge um padrão em forma de U.

- Se a variância do erro não for constante, surge um padrão em forma de funil.

- Se os pressupostos forem cumpridos, aparece uma nuvem aleatória de pontos.

- Gráfico de ei vs xi Pode ser utilizado para verificar se existe uma relação linear, uma variância constante

- Se a relação for não linear, surge um padrão em forma de U.

- Se a variância do erro não for constante, surge um padrão em forma de funil.

- Se os pressupostos forem cumpridos, aparece uma nuvem aleatória de pontos.

- O gráfico de ei vs i pode ser utilizado para verificar a independência quando recolhido ao longo do tempo.

- Histograma de ei

- Se a distribuição for normal, o histograma dos resíduos terá a forma de um monte, em torno de 0.

Medição da autocorrelação - Teste de Durbin-Watson

Traçar os resíduos em função da ordem de tempo

- Se os erros forem independentes, não haverá padrão (nuvem aleatória centrada em 0).

- Se não forem independentes (dependentes), espera-se que os erros estejam próximos uns dos outros ao longo do tempo (forma curva distinta, centrada em 0).

Teste de Durbin-Watson

- H$_O$: Os erros são independentes (não há autocorrelação entre os resíduos)

- H$_A$: Os erros são dependentes (autocorrelação positiva entre os resíduos)

- Test Statistic: $D = \dfrac{\sum_{i=2}^{n}(e_i - e_{i-1})^2}{\sum_{i=1}^{n} e_i^2}$

- Regra de decisão (os valores de $d_L(k, n)$ e $d_u(k, n)$ são dados no quadro E.10):

- Se $D \geq d_u(k, n)$, concluir H$_O$ (erros independentes) em que k é o número de variáveis independentes ($k=1$ para a regressão simples)

- Se $D < d_L(k, n)$, conclui-se H$_A$ (erros dependentes) em que k é o número de variáveis independentes ($k=1$ para a regressão simples)

- Se $d_L(k, n) < D < d_u(k, n)$, então não nos pronunciamos (possivelmente precisamos de uma série mais longa)

Inferências relativas ao declive

teste t

Teste utilizado para determinar se o parâmetro de declive baseado na população (β_1) é igual a um valor pré-determinado (frequentemente, mas não necessariamente 0). Os testes podem ser unilaterais (direção predeterminada) ou bilaterais (qualquer direção).

Teste t de 2 lados:

$$H_0: \beta_1 = \beta_1^0 \qquad H_A: \beta_1 \neq \beta_1^0$$

$$TS: t_{obs} = \frac{b_1 - \beta_1^0}{S_{b_1}} \qquad S_{b_1} = \frac{S_{yx}}{\sqrt{\sum_{i=1}^{n}(X_i - \bar{X})^2}}$$

$$RR: |t_{obs}| \geq t_{\frac{\alpha}{2}, n-2}$$

Teste t unilateral (cauda superior, sinais invertidos para cauda inferior):

$$H_0: \beta_1 = \beta_1^0 \qquad H_A: \beta_1 > \beta_1^0$$

$$TS: t_{obs} = \frac{b_1 - \beta_1^0}{S_{b_1}} \qquad S_{b_1} = \frac{S_{yx}}{\sqrt{\sum_{i=1}^{n}(X_i - \bar{X})^2}}$$

Teste F (com base em k variáveis independentes)

$$H_0: \beta_1 = 0 \qquad H_A: \beta_1 \neq 0$$

$$TS: F_{obs} = \frac{MSR}{MSE} = \frac{SSR / k}{SSE / (n - k - 1)}$$

$$RR: F_{obs} \geq F_{\alpha, k, n-k-1}$$

Um teste baseado diretamente na soma dos quadrados que testa as hipóteses específicas de o parâmetro de declive ser 0 (2 lados). O livro descreve o caso geral de k variáveis preditoras, **para regressão linear simples, k=1**

Análise de variância (com base em k variáveis preditoras)

Source	df	Sum of Squares	Mean Square	F
Regression	k	SSR	$MSR=SSR/k$	$F_{obs}=MSR/MSE$
Error	n-k-1	SSE	$MSE=SSE/(n$-k-1)	---
Total	n-1	SST	---	---

(1-α) 100% Confidence Interval for the slope parameter, β_1

$$b_1 \pm t_{\frac{\alpha}{2}, n-2} S_{b_1}$$

- Se todo o intervalo for positivo, conclui-se que $\beta_1 > 0$ (associação positiva)

- Se o intervalo contiver 0, concluir (não rejeitar) $\beta_1 = 0$ (Sem associação)

- Se todo o intervalo for negativo, concluir $\beta_1 < 0$ (associação negativa)

SPSS-Ferramenta matemática

O SPSS é um programa baseado no Windows que pode ser utilizado para efetuar a introdução e análise de dados e para criar tabelas e gráficos. O SPSS é capaz de lidar com grandes quantidades de dados e pode efetuar todas as análises abordadas no texto e muito mais. O SPSS é normalmente utilizado nas Ciências Sociais e no mundo dos negócios, pelo que a familiaridade com este programa deverá ser-lhe útil no futuro.

A abreviatura SPSS significa Statistical Package for the Social Sciences e é um sistema abrangente de análise de dados. O pacote SPSS é constituído por um conjunto de ferramentas de software para a introdução de dados, gestão de dados, análise estatística e apresentação. O SPSS integra funções complexas de gestão de dados e ficheiros, análise estatística e elaboração de relatórios. O SPSS pode obter dados de quase todos os tipos de ficheiros e utilizá-los para gerar relatórios tabulados, gráficos e gráficos de distribuições e tendências, estatísticas descritivas e análises estatísticas complexas.

O Statistical Package for the Social Sciences SPSS é uma ferramenta que permite descobrir o resumo do modelo em que R, R quadrado, ANOVA, coeficientes, estatísticas de resíduos, histograma e gráfico PP normal de resíduos padronizados de regressão que dão uma ideia dos termos dependentes e independentes. No software SPSS, podemos criar um diagrama de rede neural.

Caraterísticas do SPSS:

(i)   É fácil de aprender e utilizar.

(ii)   Inclui uma gama completa de sistemas de gestão de dados e ferramentas de edição.

(iii)   Fornece capacidades estatísticas aprofundadas.

(iv)   Oferece funcionalidades completas de traçado, elaboração de relatórios e apresentação.

Resultados

```
GET DATA /TYPE=XLSX /FILE='E:\JAI\Desktop\data n.xlsx'
 /SHEET=name 'Sheet1' /CELLRANGE=full
   /READNAMES=on
   /ASSUMEDSTRWIDTH=32767.
EXECUTE.
DATASET NAME DataSet1 WINDOW=FRONT.
REGRESSION
  /DESCRIPTIVES MEAN STDDEV CORR SIG N /MISSING LISTWISE
  /STATISTICS COEFF OUTS CI(95) BCOV R ANOVA COLLIN TOL CHANGE ZPP /CRITERIA=PIN(.05)
  POUT(.10)
  /NOORIGIN /DEPENDENT Y
  /METHOD=ENTER X1 X2 X3 X4 X5 X6 /PARTIALPLOT ALL
  /SCATTERPLOT=(Y ,*ZPRED) (Y ,*ZRESID) (*ZPRED ,*ZRESID) /RESIDUALS DURBIN
  HISTOGRAM(ZRESID) NORMPROB(ZRESID) /CASEWISE PLOT(ZRESID) ALL.
```

Regressão

[DataSet1]

Descriptive Statistics

	Mean	Std. Deviation	N
Output (Kg)	16208.7500	2158.40284	24
Raw Material (Kg)	17214.1346	2098.06015	24
Human (Man Hr)	7943.33	1563.779	24
Energy (KW HR)	3128.42	198.641	24
Mis Expense (Rs)	48216.67	14805.718	24
Rejection (%)	4.63	1.884	24
Capacity Utilization (%)	65.83	14.720	24

Correlações

		Produção (Kg)	Matéria-prima (Kg)	Humano (Man Hr)
Correlação de Pearson	Produção (Kg)	1.000	.959	.911
	Matéria-prima (Kg)	.959	1.000	.911
	Humano (Man Hr)	.911	.911	1.000
	Energia (KW HR)	.982	.952	.908
	Despesas Mis (Rs)	.843	.826	.744
	Rejeição (%)	-.044	-.056	.081
	Utilização da capacidade (%)	-.036	-.022	.102
Sig. (unicaudal)	Produção (Kg)	.	.000	.000
	Matéria-prima (Kg)	.000	.	.000
	Humano (Man Hr)	.000	.000	.
	Energia (KW HR)	.000	.000	.000
	Despesas Mis (Rs)	.000	.000	.000
	Rejeição (%)	.419	.398	.354
	Utilização da capacidade (%)	.433	.460	.317
N	Produção (Kg)	24	24	24

Matéria-prima (Kg)	24	24	24
Humano (Man Hr)	24	24	24
Energia (KW HR)	24	24	24
Despesas Mis (Rs)	24	24	24
Rejeição (%)	24	24	24
Utilização da capacidade (%)	24	24	24

Correlações

		Energia (KW HR)	Despesas Mis (Rs)	Rejeição (%)
Correlação de Pearson	Produção (Kg)	.982	.843	-.044
	Matéria-prima (Kg)	.952	.826	-.056
	Humano (Man Hr)	.908	.744	.081
	Energia (KW HR)	1.000	.826	-.032
	Despesas Mis (Rs)	.826	1.000	.057
	Rejeição (%)	-.032	.057	1.000
	Utilização da capacidade (%)	-.046	-.038	.662
Sig. (unicaudal)	Produção (Kg)	.000	.000	.419
	Matéria-prima (Kg)	.000	.000	.398
	Humano (Man Hr)	.000	.000	.354
	Energia (KW HR)	.	.000	.440
	Despesas Mis (Rs)	.000	.	.396
	Rejeição (%)	.440	.396	.
	Utilização da capacidade (%)	.415	.431	.000
N	Produção (Kg)	24	24	24
	Matéria-prima (Kg)	24	24	24
	Humano (Man Hr)	24	24	24
	Energia (KW HR)	24	24	24
	Despesas Mis (Rs)	24	24	24
	Rejeição (%)	24	24	24
	Utilização da capacidade (%)	24	24	24

Correlações

		Capacidade Utilização (%)
Correlação de Pearson	Produção (Kg)	-.036
	Matéria-prima (Kg)	-.022
	Humano (Man Hr)	.102
	Energia (KW HR)	-.046
	Despesas Mis (Rs)	-.038
	Rejeição (%)	.662
	Utilização da capacidade (%)	1.000
Sig. (unicaudal)	Produção (Kg)	.433
	Matéria-prima (Kg)	.460
	Humano (Man Hr)	.317
	Energia (KW HR)	.415
	Despesas Mis (Rs)	.431

	Rejeição (%)	.000
	Utilização da capacidade (%)	.
N	Produção (Kg)	24
	Matéria-prima (Kg)	24
	Humano (Man Hr)	24
	Energia (KW HR)	24
	Despesas Mis (Rs)	24
	Rejeição (%)	24
	Utilização da capacidade (%)	24

Variáveis introduzidas/removidas[a]

Modelo	Variáveis introduzidas	Variáveis Removido	Método
1	Utilização da Capacidade (%), Matéria Prima (Kg), Rejeição (%), Despesa Mis (Rs), Humano (Homem Hr), Energia (KW HR)	.	Entrar

a. Variável Dependente: Produção (Kg) b. Todas as variáveis solicitadas foram introduzidas.

Resumo do modelo

Modelo	R	R Quadrado	Quadrado ajustado	R Erro Std. da Estimativa	Alterar estatísticas		
					R Quadrado Variação	F Mudança	df1
1	.986 a-	.973	.963	414.02699	.973	101.347	6

Resumo do modelo

Modelo	Alterar estatísticas		Durbin-Watson
	df2	Sig. F Variação	
. 1	17	.000	2.226

a. Preditores: (Constante), Utilização da Capacidade (%), Matéria-Prima (Kg), Rejeição (%), Despesa (Rs), Humano (Homem Hr), Energia (KW HR)

b. Variável Dependente: Produção (Kg)

a ANOVA

Modelo		Soma de Quadrados	df	Quadrado médio	F	Sig.
1	Regressão	104236052.7	6	17372675.45	101.347	.000b
	Residual	2914111.869	17	171418.345		
	Total	107150164.5	23			

a. Variável Dependente: Produção (Kg)

b. Preditores: (Constante), Utilização da Capacidade (%), Matéria-Prima (Kg), Rejeição (%), Despesa (Rs), Humano (Homem Hr), Energia (KW HR)

a

Coeficientes

Modelo		Coeficientes não padronizados		Coeficientes padronizados		
		B	Erro Std.	Beta	t	Sig.

1	(Constante)	-11118.742	3162.137		-3.516	.003
	Matéria-prima (Kg)	.173	.156	.168	1.106	.284
	Humano (Man Hr)	.110	.153	.080	.719	.482
	Energia (KW HR)	7.302	1.584	.672	4.609	.000
	Despesas Mis (Rs)	.014	.011	.093	1.221	.239
	Rejeição (%)	-42.299	64.929	-.037	-.651	.523
	Utilização da capacidade (%)	2.681	8.183	.018	.328	.747

Coeficientes[a]

| | | 95,0% Intervalo de confiança para B | | Correlações | | |
Modelo		Limite inferior	Limite superior	Ordem zero	Parcial	Parte .
1	(Constante)	-17790.269	-4447.216			
	Matéria-prima (Kg)	-.157	.503	.959	.259	.044
	Humano (Man Hr)	-.213	.434	.911	.172	.029
	Energia (KW HR)	3.959	10.644	.982	.745	.184
	Despesas Mis (Rs)	-.010	.037	.843	.284	.049
	Rejeição (%)	-179.288	94.690	-.044	-.156	-.026
	Utilização da capacidade (%)	-14.583	19.946	-.036	.079	.013

Coeficientes[a]

| | | Estatísticas de colinearidade | |
Modelo		Tolerância	VIF .
1	(Constante)		
	Matéria-prima (Kg)	.069	14.418
	Humano (Man Hr)	.130	7.720
	Energia (KW HR)	.075	13.289
	Despesas Mis (Rs)	.276	3.621
	Rejeição (%)	.498	2.007
	Utilização da capacidade (%)	.514	1.947

a. Variável Dependente: Produção (Kg)

Coeficiente Correlações

| | | | Capacidade Utilização (%) | Matéria-prima (Kg) | Rejeição (%) |
Modelo					
1	Correlações	Utilização da capacidade (%)	1.000	-.127	-.643
		Matéria-prima (Kg)	-.127	1.000	.271
		Rejeição (%)	-.643	.271	1.000
		Despesas Mis (Rs)	.152	-.310	-.266
		Humano (Man Hr)	-.156	-.405	-.159
		Energia (KW HR)	.178	-.577	-.043
	Covariâncias	Utilização da capacidade (%)	66.960	-.162	-341.764
		Matéria-prima (Kg)	-.162	.024	2.752
		Rejeição (%)	-341.764	2.752	4215.806
		Despesas Mis (Rs)	.014	-.001	-.191
		Humano (Man Hr)	-.196	-.010	-1.583
		Energia (KW HR)	2.302	-.143	-4.474

Coeficiente Correlações[a]

Modelo			Despesas Mis (Rs)	Humano (Man Hr)	Energia (KW HR)

1	Correlações	Utilização da capacidade (%)	.152	-.156	.178
		Matéria-prima (Kg)	-.310	-.405	-.577
		Rejeição (%)	-.266	-.159	-.043
		Despesas Mis (Rs)	1.000	.155	-.232
		Humano (Man Hr)	.155	1.000	-.361
		Energia (KW HR)	-.232	-.361	1.000
	Covariâncias	Utilização da capacidade (%)	.014	-.196	2.302
		Matéria-prima (Kg)	-.001	-.010	-.143
		Rejeição (%)	-.191	-1.583	-4.474
		Despesas Mis (Rs)	.000	.000	-.004
		Humano (Man Hr)	.000	.024	-.088
		Energia (KW HR)	-.004	-.088	2.510

a. Variável Dependente: Produção (Kg)

Diagnóstico de colinearidade[a]

Modelo	Dimensão	Valor próprio	Índice de condições	Proporções de desvio		
				(Constante)	Matéria-prima (Kg)	Humano (Man Hr)
1	1	6.776	1.000	.00	.00	.00
	2	.143	6.878	.00	.00	.00
	3	.052	11.459	.00	.00	.00
	4	.017	19.973	.01	.00	.00
	5	.011	25.056	.01	.00	.28
	6	.001	81.734	.11	.67	.59
	7	.000	184.662	.87	.33	.13

Diagnóstico de colinearidade[a]

Modelo	Dimensão	Proporções de desvio			
		Energia (KW HR)	Despesas Mis (Rs)	Rejeição (%)	Capacidade Utilização (%)
1	1	.00	.00	.00	.00
	2	.00	.02	.29	.02
	3	.00	.20	.21	.05
	4	.00	.06	.39	.86
	5	.00	.41	.02	.03
	6	.00	.25	.08	.00
	7	1.00	.05	.00	.04

a. Variável Dependente: Produção (Kg)

Diagnóstico de casos concretos[a]

Número do processo	Std. Residual	Produção (Kg)	Valor previsto	Residual
1	-.612	15057.14	15310.7273	-253.58445
2	-.978	15600.00	16004.7840	-404.78397
3	-.654	16828.57	17099.1524	-270.58099
4	1.727	11314.29	10599.3467	714.93905
5	-.662	16120.00	16393.9979	-273.99786
6	-.131	17980.00	18034.1828	-54.18275

7	.175	18342.86	18270.6075	72.24968
8	-.836	15677.14	16023.2248	-346.08190
9	.584	11360.00	11118.3713	241.62870
10	.118	14525.71	14476.9900	48.72427
11	-.907	15600.00	15975.4964	-375.49642
12	.120	16385.71	16335.8834	49.83087
13	-.429	15322.86	15500.3026	-177.44545
14	.133	16628.57	16573.4584	55.11307
15	-.192	16285.71	16365.4056	-79.69131
16	.264	18600.00	18490.7256	109.27439
17	-.933	15765.71	16152.1949	-386.48058
18	.041	16928.57	16911.5223	17.04910
19	-.913	12842.86	13220.8087	-377.95151
20	1.882	19285.71	18506.6957	779.01863
21	.213	17625.71	17537.5892	88.12504
22	1.422	19707.14	19118.5148	588.62806
23	1.310	17600.00	17057.8019	542.19810
24	-.740	17625.71	17932.2161	-306.50179

a. Variável Dependente: Produção (Kg)

Estatísticas de resíduos[a]

	Mínimo	Máximo	Média	Desvio Std. Desvio	N
Valor previsto	10599.3467	19118.5156	16208.7500	2128.84999	24
Residual	-404.78397	779.01862	.00000	355.95016	24
Valor predito Valor Previsto	-2.635	1.367	.000	1.000	24
Std. Residual	-.978	1.882	.000	.860	24

a. Variável Dependente: Produção (Kg)

Charts

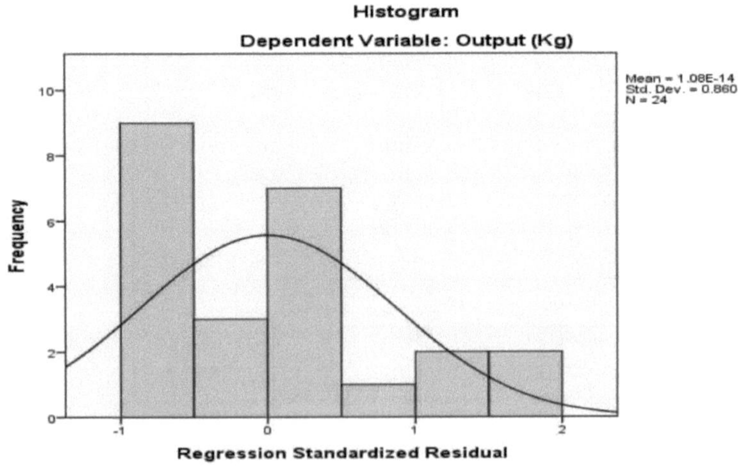

Histogram

Dependent Variable: Output (Kg)

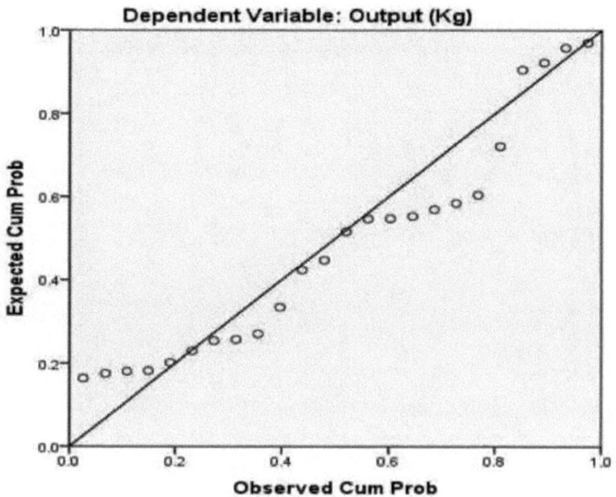

Normal P-P Plot of Regression Standardized Residual
Dependent Variable: Output (Kg)
Expected Cum Prob
Observed Cum Prob

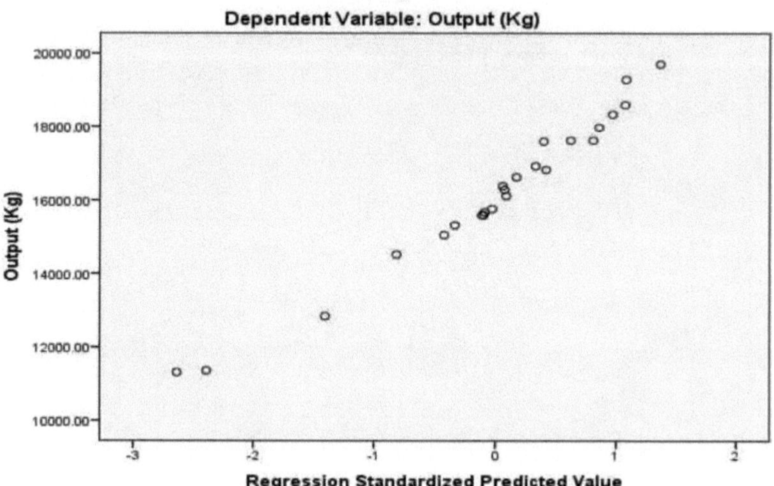

Scatterplot
Dependent Variable: Output (Kg)
Output (Kg)
Regression Standardized Predicted Value

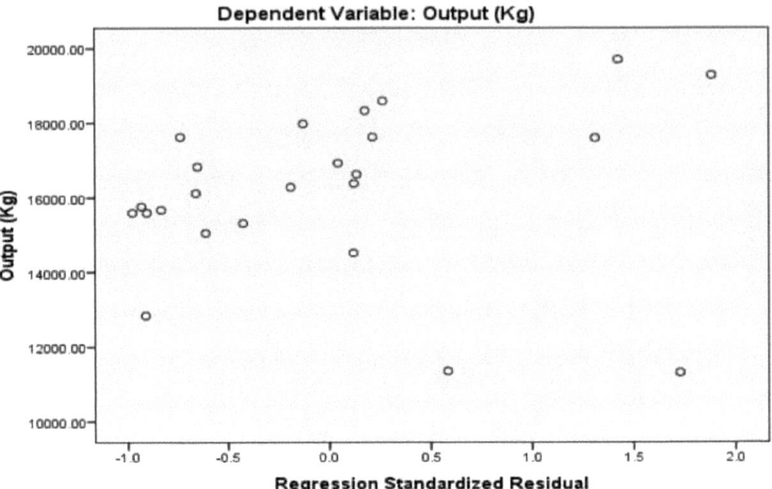

Scatterplot
Dependent Variable: Output (Kg)
Output (Kg)
20000.00
18000.00
16000.00
14000.00
12000.00
10000.00
-1.0
-0.5
0.0
0.5
1.0
1.5
2.0
Regression Standardized Residual

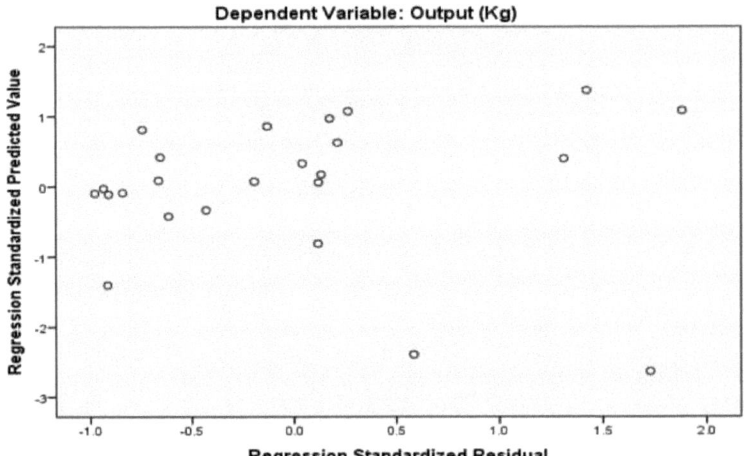

Scatterplot
Dependent Variable: Output (Kg)
Regression Standardized Predicted Value
2
1
0
-1
-2
-3
-1.0
-0.5
0.0
0.5
1.0
1.5
2.0
Regression Standardized Residual

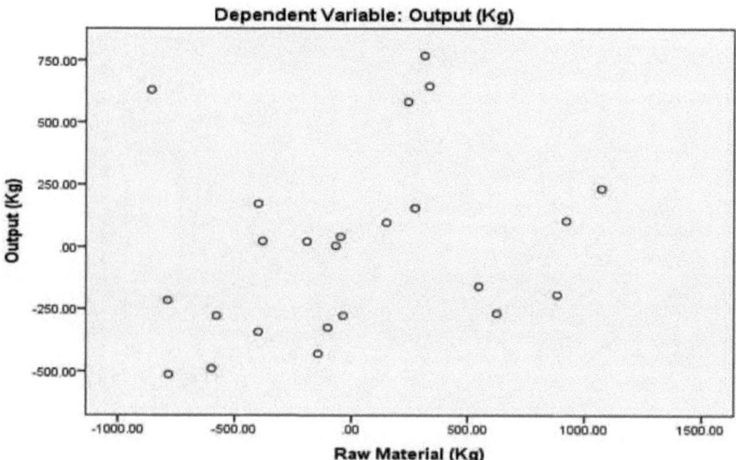

Partial Regression Plot
Dependent Variable: Output (Kg)
Output (Kg)
750.00
500.00
250.00
.00
-250.00
-500.00
-1000.00
-500.00
.00
500.00
1000.00
1500.00
Raw Material (Kg)

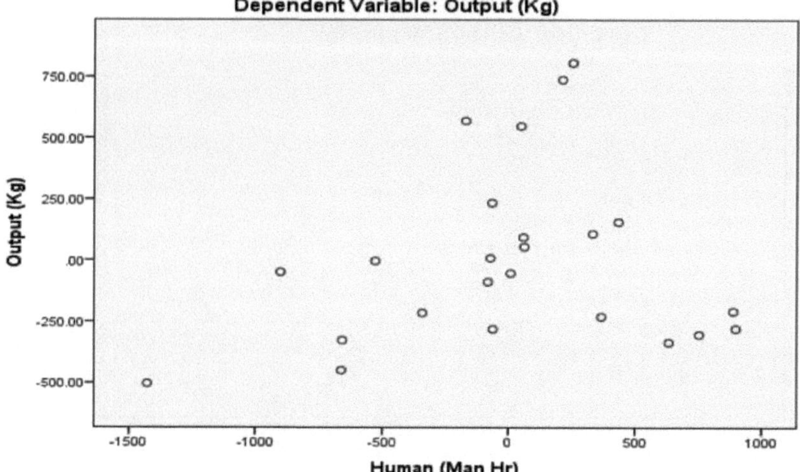

Partial Regression Plot
Dependent Variable: Output (Kg)
Output (Kg)
750.00
500.00
250.00
.00
-250.00
-500.00
-1500
-1000
-500
0
500
1000
Human (Man Hr)

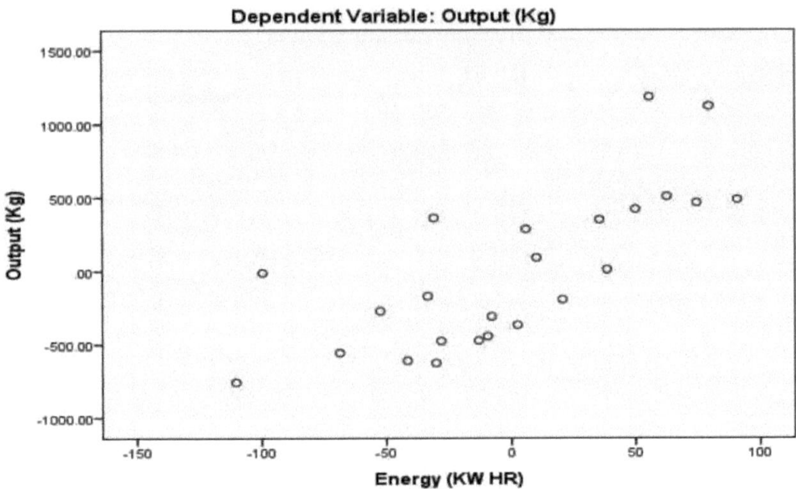

Partial Regression Plot
Dependent Variable: Output (Kg)
Output (Kg)
1500.00
1000.00
500.00
.00
-500.00
-1000.00
-150
-100
-50
0
50
100
Energy (KW HR)

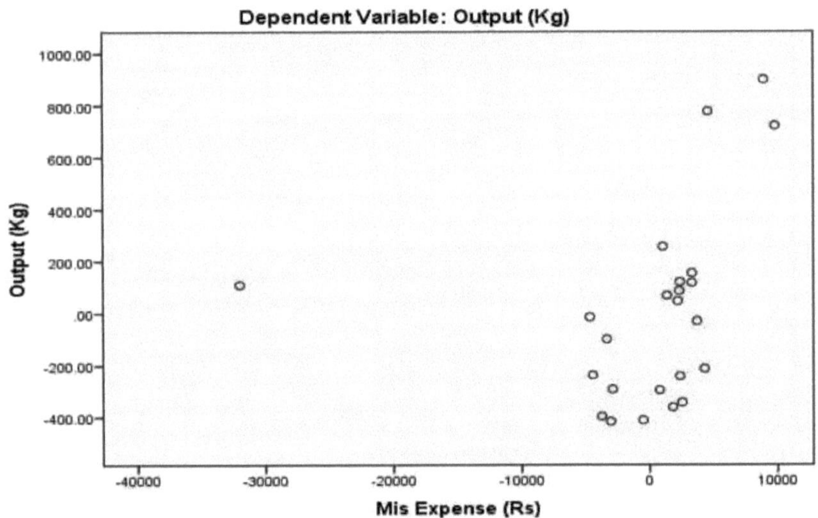

Partial Regression Plot
Dependent Variable: Output (Kg)
Output (Kg)
1000.00
800.00
600.00
400.00
200.00
.00
-200.00
-400.00
-40000
-30000
-20000
-10000
0
10000
Mis Expense (Rs)

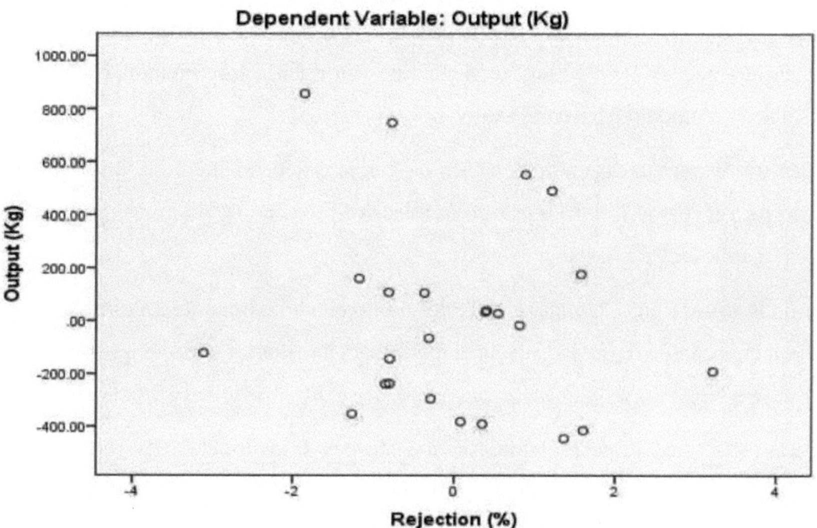

ANÁLISE DOS RESULTADOS

1. O histograma e o **gráfico P-P** do resíduo padronizado (zresid) parecem mais ou menos normais. É claro que, na prática, nunca é possível obter gráficos exatamente normais, uma vez que os dados são apenas números de 24 casos. Assim, o modelo satisfaz o pressuposto da

normalidade.

2. O **gráfico de dispersão** do **resíduo normalizado da regressão** e da **produção** é aleatório, o que implica que não existe qualquer tendência na sua relação que ainda não tenha sido explicada; ou seja, o modelo é bastante exato.

3. O **gráfico de dispersão** do **valor** de **saída** da variável dependente e do **valor previsto normalizado da regressão**, sendo linear com o declive próximo de 45 graus, indica que o modelo linear é aplicável e é bastante exato.

4. O valor de **R square** é .973, o que é um valor muito elevado, bastante próximo de 1. Isto significa que a equação de regressão se ajusta muito bem aos nossos dados e que o modelo é linear.

5. Os valores **VIF** das despesas humanas, das despesas incorrectas, da rejeição e da utilização da capacidade são bastante inferiores a 10 (7,720, 3,621, 2,007, 1,947 respetivamente), enquanto os da energia e das matérias-primas são muito pouco superiores a 10 (13,289 e 14,418 respetivamente). Também no bloco de diagnósticos de co-linearidade, nenhuma das duas variáveis tem uma proporção elevada da sua variância numa linha correspondente a qualquer dos valores próprios. É, portanto, claro que não existe co-linearidade entre nenhuma das variáveis actuais.

6. Significância de F=0,000, implica que os resultados do **teste F** estão corretos, ou seja, a variância dos resíduos é muito inferior à variância dos dados.

7. A **estatística residual** mostra que a média dos resíduos é zero. Isto significa que os resíduos são igualmente positivos e negativos por natureza, sem qualquer tendência para qualquer dos lados.

8. O valor do teste de **Durbin-Watson** é 2,226, o que, sendo tão próximo de 2, indica que não existe quase nenhuma correlação serial nos resíduos. Por outras palavras, os resíduos são independentes, ou seja, o valor de qualquer resíduo num determinado mês não tem qualquer efeito sobre o valor do resíduo num outro mês.

9. Todos os **gráficos de resíduos parciais** não apresentam qualquer tendência não linear, pelo que não é necessário acrescentar qualquer expressão não linear à equação.

10. Entre os **coeficientes** da equação de regressão, os coeficientes das matérias-primas, dos recursos humanos, da energia, das despesas de funcionamento e da utilização da capacidade

são positivos, enquanto os da rejeição são negativos. Isto parece lógico, pois é provável que a produção aumente se aumentarmos os factores de produção que afectam diretamente a produção, ao passo que diminuiria se aumentássemos a rejeição (por exemplo, se a proporção de rejeição aumentar, é provável que a produção diminua).

Assim, concluímos que o modelo é aceitável.

A equação de regressão é:

Produção = .173(matéria-prima) + .110(humano) + 7.302(energia) + .014(despesas extras)

- 42,299(rejeição) + 2,681(utilização do limite) - 11118,742

Para melhorar o histograma e o **gráfico P-P** do resíduo normalizado (zresid), temos de eliminar um ou dois casos anómalos. Eliminamos os casos **9** e **17** de forma aleatória, ou seja, com um resíduo padrão **de 0,584** e **-,933**, respetivamente.

A análise de regressão é efectuada novamente, sendo a produção a variável dependente e a matéria-prima, os recursos humanos, a energia, as despesas diversas, a rejeição e a utilização da capacidade como variáveis independentes, com 22 casos.

```
REGRESSION
  /DESCRIPTIVES MEAN STDDEV CORR SIG N
  /MISSING LISTWISE
  /STATISTICS COEFF OUTS CI(95) BCOV R ANOVA COLLIN TOL CHANGE  ZPP
  /CRITERIA=PIN(.05) POUT(.10)
  /NOORIGIN
  /DEPENDENT Y
  /METHOD=ENTER X1 X2 X3 X4 X5 X6
  /PARTIALPLOT ALL
  /SCATTERPLOT=(Y ,*ZPRED) (Y ,*ZRESID) (*ZPRED ,*ZRESID)
  /RESIDUALS DURBIN HISTOGRAM(ZRESID) NORMPROB(ZRESID)
  /CASEWISE PLOT(ZRESID) ALL.
```

Regressão

Estatísticas descritivas

	Média	Desvio Std. Desvio	N
Produção (Kg)	16449.2857	1978.10207	22
Matéria-prima (Kg)	17476.8531	1846.21303	22
Humano (Man Hr)	8067.27	1437.078	22
Energia (KW HR)	3149.14	180.995	22
Despesas Mis (Rs)	49359.09	14322.897	22

| Rejeição (%) | 4.41 | 1.817 | 22 |
| Utilização da capacidade (%) | 65.45 | 15.346 | 22 |

Correlações

		Produção (Kg)	Matéria-prima (Kg)	Humano (Man Hr)
Correlação de Pearson	Produção (Kg)	1.000	.948	.898
	Matéria-prima (Kg)	.948	1.000	.900
	Humano (Man Hr)	.898	.900	1.000
	Energia (KW HR)	.977	.939	.886
	Despesas Mis (Rs)	.816	.800	.695
	Rejeição (%)	.127	.141	.229
	Utilização da capacidade (%)	-.004	.018	.144
Sig. (unicaudal)	Produção (Kg)	.	.000	.000
	Matéria-prima (Kg)	.000	.	.000
	Humano (Man Hr)	.000	.000	.
	Energia (KW HR)	.000	.000	.000
	Despesas Mis (Rs)	.000	.000	.000
	Rejeição (%)	.287	.266	.153
	Utilização da capacidade (%)	.493	.468	.262
N	Produção (Kg)	22	22	22
	Matéria-prima (Kg)	22	22	22
	Humano (Man Hr)	22	22	22
	Energia (KW HR)	22	22	22
	Despesas Mis (Rs)	22	22	22
	Rejeição (%)	22	22	22
	Utilização da capacidade (%)	22	22	22

Correlações

		Energia (KW HR)	Despesas Mis (Rs)	Rejeição (%)
Correlação de Pearson	Produção (Kg)	.977	.816	.127
	Matéria-prima (Kg)	.939	.800	.141
	Humano (Man Hr)	.886	.695	.229
	Energia (KW HR)	1.000	.793	.131
	Despesas Mis (Rs)	.793	1.000	.186
	Rejeição (%)	.131	.186	1.000
	Utilização da capacidade (%)	-.018	-.016	.685
Sig. (unicaudal)	Produção (Kg)	.000	.000	.287
	Matéria-prima (Kg)	.000	.000	.266
	Humano (Man Hr)	.000	.000	.153
	Energia (KW HR)	.	.000	.281
	Despesas Mis (Rs)	.000	.	.204
	Rejeição (%)	.281	.204	.
	Utilização da capacidade (%)	.469	.472	.000
N	Produção (Kg)	22	22	22
	Matéria-prima (Kg)	22	22	22

Humano (Man Hr)	22	22	22
Energia (KW HR)	22	22	22
Despesas Mis (Rs)	22	22	22
Rejeição (%)	22	22	22
Utilização da capacidade (%)	22	22	22

Correlações

		Capacidade Utilização (%)
Correlação de Pearson		-.004
		.018
	Produção (Kg)	.144
	Matéria-prima (Kg)	-.018
	Humano (Man Hr)	-.016
	Energia (KW HR) Despesa Mis (Rs) Rejeição (%) Utilização da capacidade (%)	.685 / 1.000
Sig. (unicaudal)		.493
		.468
		.262
	Produção (Kg)	.469
	Matéria-Prima (Kg) Homem (Homem Hr) Energia (KW HR) Despesa Mis (Rs) Rejeição (%) Utilização da Capacidade (%)	.472 / .000 / .
N		22
	Produção (Kg)	22
	Matéria-prima (Kg)	22
	Humano (Man Hr) Energia (KW HR) Despesa Mis (Rs) Rejeição (%) Utilização da Capacidade (%)	22 / 22 / 22 / 22

Variáveis introduzidas/removidas[a]

Modelo	Variáveis introduzidas	Variáveis Removido	Método
1	Utilização da Capacidade (%), Despesa Mis (Rs), Humano (Homem Hr), Rejeição (%), Energia (KW HR), Matéria-Prima (Kg)	.	Entrar

a. Variável Dependente: Produção (Kg) b. Todas as variáveis solicitadas foram introduzidas.

Resumo do modelo

Modelo	R	R Quadrado	Quadrado ajustado	R Erro Std. da Estimativa	Alterar estatísticas		
					R Quadrado Variação	F Mudança	df1
1	.984 a-	.967	.954	422.02769	.967	74.392	6

Resumo do modelo

Modelo	Alterar estatísticas	Durbin-Watson

67

	df2	Sig. F Variação	
. 1	15	.000	2.285

a.   Preditores: (Constante), Utilização da Capacidade (%), Despesa Mis (Rs), Humano (Homem Hr), Rejeição (%), Energia (KW HR), Matéria Prima (Kg)

b.   Variável Dependente: Produção (Kg)

a ANOVA

Modelo		Soma de Quadrados	df	Quadrado médio	F	Sig.
1	Regressão	79499033.33	6	13249838.89	74.392	.000b
	Residual	2671610.545	15	178107.370		
	Total	82170643.88	21			

a.   Variável Dependente: Produção (Kg)

b.   Preditores: (Constante), Utilização da Capacidade (%), Despesa Mis (Rs), Humano (Homem Hr), Rejeição (%), Energia (KW HR), Matéria Prima (Kg)

Coeficientes[a]

Modelo		Coeficientes não padronizados		Coeficientes padronizados	t	Sig.
		B	Erro Std.	Beta		
1	(Constante)	-11088.437	3270.844		-3.390	.004
	Matéria-prima (Kg)	.152	.169	.141	.895	.385
	Humano (Man Hr)	.159	.164	.115	.968	.348
	Energia (KW HR)	7.293	1.616	.667	4.513	.000
	Despesas Mis (Rs)	.014	.011	.101	1.226	.239
	Rejeição (%)	-38.601	72.620	-.035	-.532	.603
	Utilização da capacidade (%)	1.911	8.665	.015	.221	.828

Coeficientes[a]

Modelo		95,0% Intervalo de confiança para B		Correlações		
		Limite inferior	Limite superior	Ordem zero	Parcial	Parte .
1	(Constante)	-18060.076	-4116.797			
	Matéria-prima (Kg)	-.209	.512	.948	.225	.042
	Humano (Man Hr)	-.191	.509	.898	.242	.045
	Energia (KW HR)	3.849	10.737	.977	.759	.210
	Despesas Mis (Rs)	-.010	.038	.816	.302	.057
	Rejeição (%)	-193.386	116.185	.127	-.136	-.025
	Utilização da capacidade (%)	-16.557	20.380	-.004	.057	.010

Coeficientes[a]

Modelo		Estatísticas de colinearidade	
		Tolerância	VIF
1	(Constante)		
	Matéria-prima (Kg)	.087	11.521
	Humano (Man Hr)	.152	6.563
	Energia (KW HR)	.099	10.085
	Despesas Mis (Rs)	.321	3.111

		.487	2.052
Rejeição (%)		.487	2.052
Utilização da capacidade (%)		.480	2.085

a. Variável Dependente: Produção (Kg)

Coeficiente Correlações

Modeló			Capacidade Utilização (%)	Despesas Mis (Rs)	Humano (Man Hr)
1	Correlações	Utilização da capacidade (%)	1.000	.126	-.206
		Despesas Mis (Rs)	.126	1.000	.165
		Humano (Man Hr)	-.206	.165	1.000
		Rejeição (%)	-.674	-.212	-.058
		Energia (KW HR)	.162	-.229	-.339
		Matéria-prima (Kg)	-.023	-.315	-.445
	Covariâncias	Utilização da capacidade (%)	75.078	.012	-.294
		Despesas Mis (Rs)	.012	.000	.000
		Humano (Man Hr)	-.294	.000	.027
		Rejeição (%)	-424.111	-.175	-.689
		Energia (KW HR)	2.275	-.004	-.090
		Matéria-prima (Kg)	-.033	-.001	-.012

Coeficiente Correlações[a]

Modelo			Rejeição (%)	Energia (KW HR)	Matéria-prima (Kg)
1	Correlações	Utilização da capacidade (%)	-.674	.162	-.023
		Despesas Mis (Rs)	-.212	-.229	-.315
		Humano (Man Hr)	-.058	-.339	-.445
		Rejeição (%)	1.000	-.026	.096
		Energia (KW HR)	-.026	1.000	-.553
		Matéria-prima (Kg)	.096	-.553	1.000
	Covariâncias	Utilização da capacidade (%)	-424.111	2.275	-.033
		Despesas Mis (Rs)	-.175	-.004	-.001
		Humano (Man Hr)	-.689	-.090	-.012
		Rejeição (%)	5273.647	-3.061	1.182
		Energia (KW HR)	-3.061	2.611	-.151
		Matéria-prima (Kg)	1.182	-.151	.029

a. Variável Dependente: Produção (Kg)

Diagnóstico de colinearidade

Modelo	Dimensão	Valor próprio	Índice de condições	Proporções de desvio		
				(Constante)	Matéria-prima (Kg)	Humano (Man Hr)
1	1	6.792	1.000	.00	.00	.00
	2	.128	7.292	.00	.00	.00
	3	.053	11.324	.00	.00	.00
	4	.016	20.428	.00	.00	.00
	5	.010	25.602	.01	.00	.29
	6	.001	86.296	.14	.70	.59
	7	.000	177.961	.84	.30	.11

Diagnóstico de colinearidade

Modelo	Dimensão	Proporções de desvio			
		Energia (KW HR)	Despesas Mis (Rs)	Rejeição (%)	Capacidade Utilização (%)
1	1	.00	.00	.00	.00
	2	.00	.02	.33	.02
	3	.00	.22	.15	.08
	4	.00	.17	.51	.85
	5	.00	.30	.00	.00
	6	.00	.24	.01	.02
	7	1.00	.05	.00	.04

a. Variável Dependente: Produção (Kg)

Diagnóstico Casewise

Número do processo	Std. Residual	Produção (Kg)	Valor previsto	Residual	Estado
1	-.442	15057.14	15243.7604	-186.61759	
2	-1.009	15600.00	16025.6471	-425.64714	
3	-.721	16828.57	17132.8094	-304.23799	
4	1.860	11314.29	10529.3236	784.96212	
5	-.668	16120.00	16401.9104	-281.91037	
6	-.248	17980.00	18084.7046	-104.70459	
7	.066	18342.86	18315.0713	27.78583	
8	-.685	15677.14	15966.2942	-289.15132	
9	.	.	.	.	Mb
10	.176	14525.71	14451.3324	74.38184	
11	-.814	15600.00	15943.5640	-343.56395	
12	.199	16385.71	16301.8907	83.82360	
13	-.383	15322.86	15484.4666	-161.60950	
14	.162	16628.57	16560.2317	68.33976	
15	-.220	16285.71	16378.3558	-92.64149	
16	.160	18600.00	18532.5211	67.47890	
17	.	.	.	.	Mb
18	-.009	16928.57	16932.3762	-3.80481	
19	-.923	12842.86	13232.5870	-389.72990	
20	1.753	19285.71	18545.9108	739.80351	
21	.145	17625.71	17564.7124	61.00193	
22	1.291	19707.14	19162.3514	544.79146	
23	1.201	17600.00	17093.2396	506.76044	
. 24	-.890	17625.71	18001.2250	-375.51076	

a.   Variável Dependente: Produção (Kg)

b.   Caso Desaparecido

a

Estatísticas de resíduos

	Mínimo	Máximo	Média	Desvio Std. Desvio	N
Valor previsto	10529.3232	19162.3516	16449.2857	1945.67938	22
Residual	-425.64716	784.96210	.00000	356.67850	22
Valor predito Valor	-3.043	1.394	.000	1.000	22

| Previsto | | | | | |
| Std. Residual | -1.009 | 1.860 | .000 | .845 | 22 |

a. Variável Dependente: Produção (Kg)

Charts

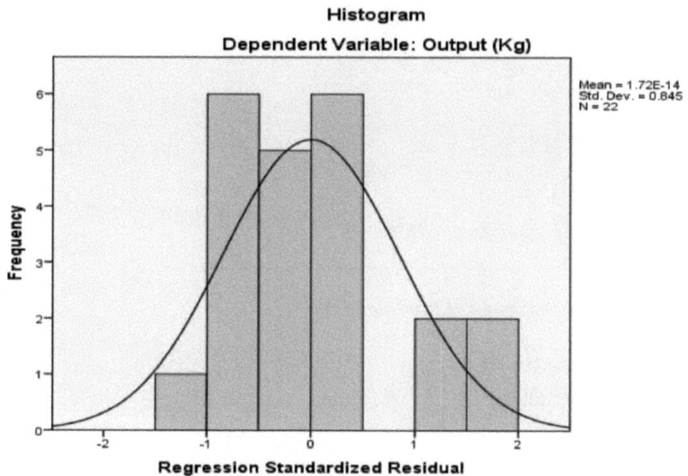

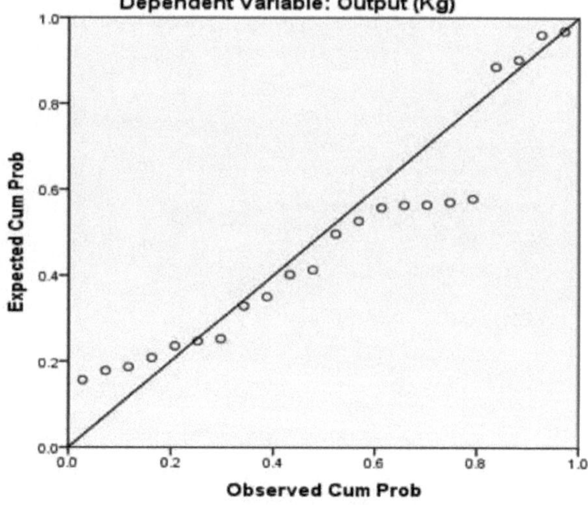

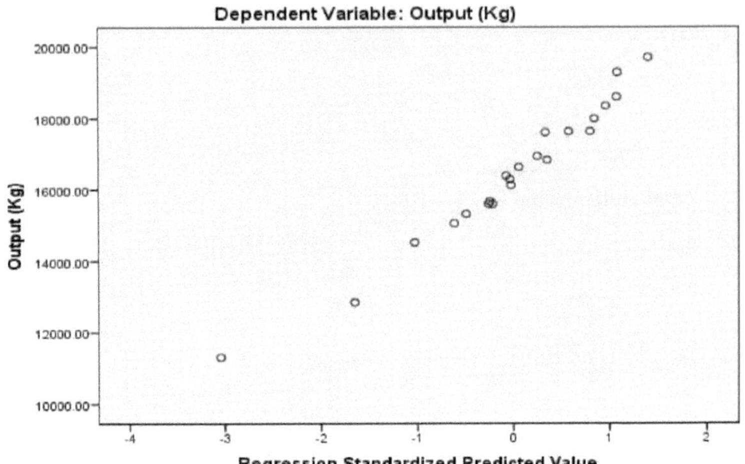
Scatterplot
Dependent Variable: Output (Kg)
Output (Kg)
20000.00
18000.00
16000.00
14000.00
12000.00
10000.00
-4
-3
-2
-1
0
1
2
Regression Standardized Predicted Value

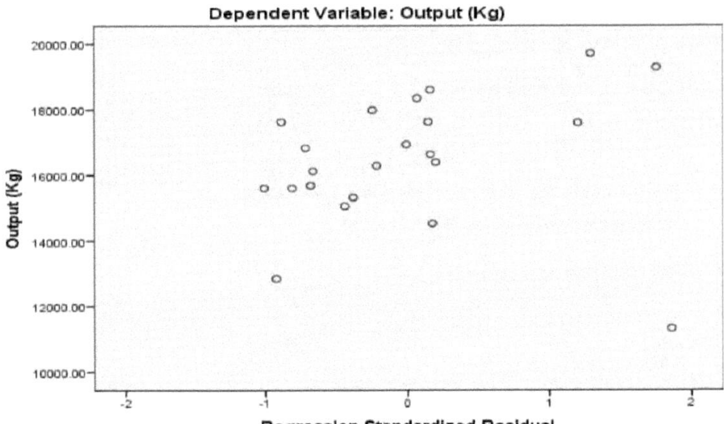
Scatterplot
Dependent Variable: Output (Kg)
Output (Kg)
20000.00
18000.00
16000.00
14000.00
12000.00
10000.00
-2
-1
0
1
2
Regression Standardized Residual

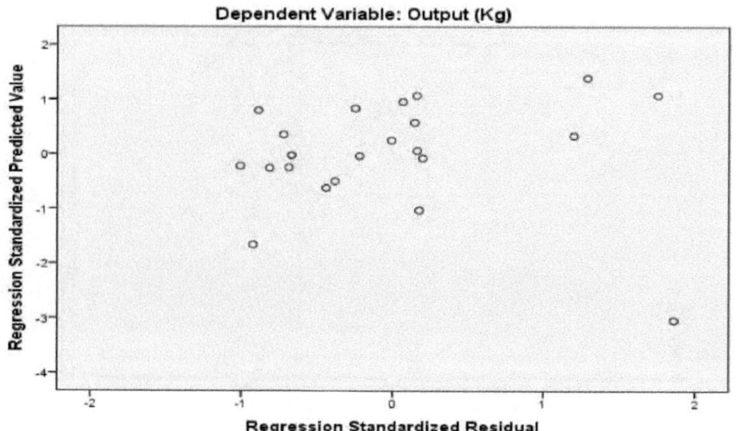

Scatterplot
Dependent Variable: Output (Kg)
Regression Standardized Predicted Value
Regression Standardized Residual

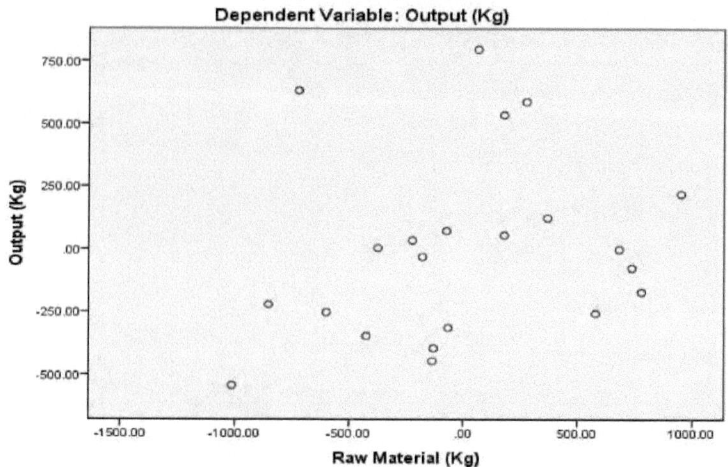

Partial Regression Plot
Dependent Variable: Output (Kg)
Output (Kg)
Raw Material (Kg)

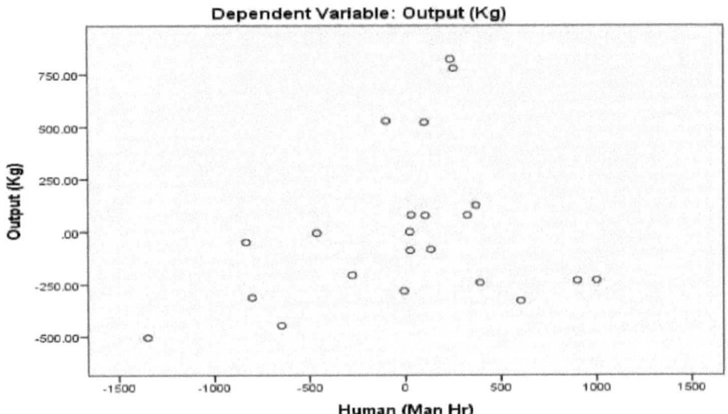

Partial Regression Plot
Dependent Variable: Output (Kg)
Output (Kg)
750.00
500.00
250.00
.00
-250.00
-500.00
-1500
-1000
-500
0
500
1000
1500
Human (Man Hr)

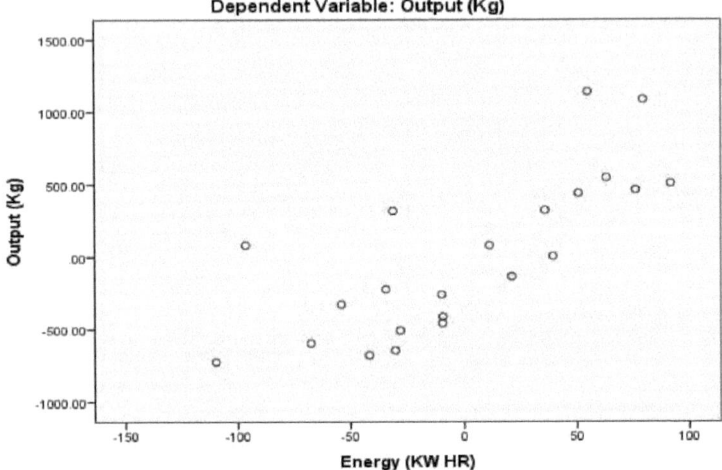

Partial Regression Plot
Dependent Variable: Output (Kg)
Output (Kg)
1500.00
1000.00
500.00
.00
-500.00
-1000.00
-150
-100
-50
0
50
100
Energy (KW HR)

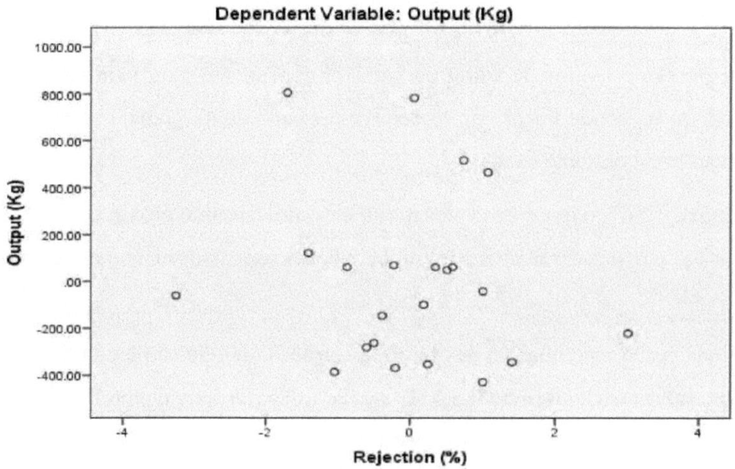

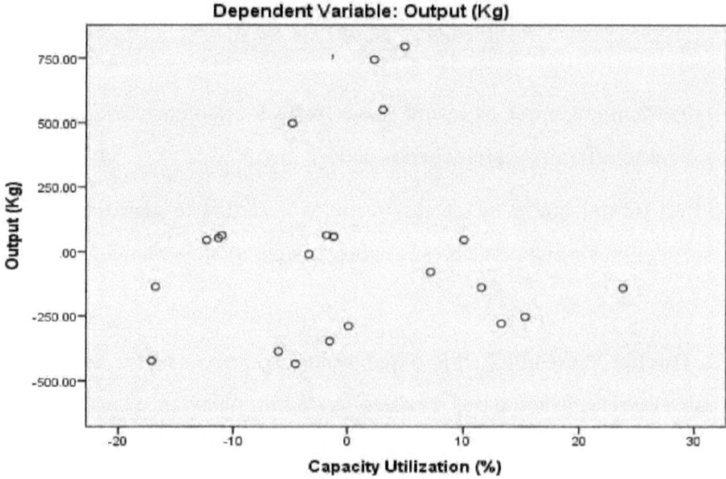

ANÁLISE DOS RESULTADOS

1. O histograma e o **gráfico P-P** do resíduo padronizado (zresid) parecem mais ou menos normais. É claro que, na prática, nunca é possível obter gráficos exatamente normais, uma vez que os dados são apenas números de 24 casos. Assim, o modelo satisfaz o pressuposto da normalidade.

2. O **gráfico de dispersão** do **resíduo padronizado da regressão** e da **produção** é aleatório,

o que implica que não existe qualquer tendência na sua relação que ainda não tenha sido explicada; ou seja, o modelo é bastante exato.

3. O **gráfico de dispersão** do **valor** de **saída** da variável dependente e do **valor previsto normalizado da regressão**, sendo linear com o declive próximo de 45 graus, indica que o modelo linear é aplicável e é bastante exato.

4. O valor de **R square** é .967, o que é um valor muito elevado, bastante próximo de 1. Isto significa que a equação de regressão se ajusta muito bem aos nossos dados e que o modelo é linear.

5. Os valores **VIF** das despesas humanas, das despesas erradas, da rejeição e da utilização do limite são bastante inferiores a 10 (6,563, 3,111, 2,052, 2,085, respetivamente), enquanto os da energia e das matérias-primas são muito pouco superiores a 10 (10,085 e 11,521, respetivamente). Também no bloco de diagnósticos de colinearidade, nenhuma das duas variáveis tem uma proporção elevada da sua variância numa linha correspondente a qualquer dos valores próprios. É, portanto, claro que não existe colinearidade entre nenhuma das variáveis actuais.

6. Significância de F=0,000, implica que os resultados do **teste F** estão corretos, ou seja, a variância dos resíduos é muito inferior à variância dos dados.

7. A **estatística residual** mostra que a média dos resíduos é zero. Isto significa que os resíduos são igualmente positivos e negativos na sua natureza, sem qualquer tendência para de ambos os lados.

8. O valor do teste de **Durbin-Watson** é 2,285, o que, sendo tão próximo de 2, indica que não existe quase nenhuma correlação serial nos resíduos. Por outras palavras, os resíduos são independentes, ou seja, o valor de qualquer resíduo num determinado mês não tem qualquer efeito sobre o valor do resíduo num outro mês.

9. Todos os **gráficos de resíduos parciais** não apresentam qualquer tendência não linear, pelo que não é necessário acrescentar qualquer expressão não linear à equação.

10. Entre os **coeficientes** da equação de regressão, o coeficiente da matéria-prima, do fator humano, da energia, da despesa incorrecta e da utilização da capacidade são positivos, enquanto o da rejeição é negativo. Isto parece lógico, pois é provável que a produção aumente se aumentarmos os factores de produção que afectam diretamente a produção, ao passo que

diminuiria se aumentássemos a rejeição (por exemplo, se a proporção de rejeição aumentar, é provável que a produção diminua).

Assim, concluímos que o modelo é aceitável.

A equação de regressão é:

Produção = .152(matéria-prima) + .159(humano) + 7.293(energia) + .014(despesas de manutenção) - 38.601(rejeição) + 1.911(utilização de capacidade) - 11088.437

Otimização

Valores limite das variáveis:

Os valores-limite das variáveis (limites superior e inferior) são necessários na construção do modelo de programação linear que será desenvolvido para melhorar o resultado. Estes valores actuarão como restrições no modelo de programação linear.

O valor-limite foi atribuído após consulta e discussão subsequente com as pessoas afectadas da fábrica.

Relativamente à percentagem de rejeição, a Empresa tenta sempre atingir zero por cento de rejeição. Por conseguinte, em caso de percentagem de rejeição, o limite inferior é fixado em 0.

Para as restantes variáveis, os limites estão disponíveis nos registos de dados. Os valores mais altos e mais baixos dessa variável específica dos dados foram selecionados como limites superior e inferior, respetivamente. Estes valores-limite são apresentados em seguida:

Valor limite das variáveis:

Sr.no.	Variável	Limite superior	Limite inferior	Observação
1.	Matéria-prima	20269.23	11932.31	dos dados
2.	Humano	9920	4480	dos dados
3.	Energia	3379	2576	dos dados
4.	Despesas incorrectas	77500	19600	dos dados
5.	Rej%	8	1	dos dados
6.	Cap. Uti	90	40	dos dados

Estratégias para melhorar a produtividade

Produtividade = Produção/entrada

Há duas formas de o melhorar:

Estratégia 1: Minimizar as entradas, mantendo a produção constante (fabrico por encomenda)

Estratégia 2: Maximizar a produção, mantendo as entradas constantes (produção para stock)

Equação de saída e entrada:

1. Produção = .152(matéria-prima) + .159(humano) + 7.293(energia) + .014(despesas de manutenção) - 38.601(rejeição) + 1.911(utilização de capacidade) - 11088.437

2. Entrada = 40(matéria-prima) + 25(humano) + 6,5(energia) + 1,00(despesas acessórias)

[Aqui os coeficientes representam o custo associado a cada variável. As despesas Mis estão em valores monetários, pelo que os seus coeficientes são 1,00.

Restrições

Capacidade da fábrica =40000Kg

No mês passado:

Produção =17625.71Kg *(@65/- Rs por kg) =1145625

Entrada =1085527,5 (calculada a partir da equação de entrada)

Produtividade = produção/entrada = 1,055

1. **Restrição de produção:** A produção deve ser superior à produção do mês anterior.

0,152*X1 + 0,159*X2 + 7,293*X3 + 0,014*X4 - 38,601*X5 + 1,911*X6 >= 28714,147

2. **Restrição de entrada:** As entradas devem ser inferiores às entradas do mês anterior.

40*X1 + 25*X2 + 6.5*X3 + 1.00*X4 <= 1085527.5

Onde: X1= Matéria-prima; X2=Homem; X3=Energia; X4=Despesas diversas;

X5=Porcentagem de rejeição; X6=Porcentagem de utilização da capacidade.

Otimização dos níveis de produtividade para ambas as estratégias

A técnica de programação linear pode ser utilizada para otimizar os níveis de produtividade para ambas as estratégias. O modelo foi desenvolvido e optimizado utilizando o software

Linear program solver versão 1.11.1 (LiPS).

ESTRATÉGIA 1: Minimizar a entrada, manter a saída constante (fabrico por encomenda)

Modelo de Programação Linear:

/* Função objetiva */

Mínimo. $Z = 40*X1 + 25*X2 + 6,5*X3 + 1,00*X4$

/* Sujeito a */

$0,152*X1 + 0,159*X2 + 7,293*X3 + 0,014*X4 - 38,601*X5 + 1,911*X6 = 28714,147$

$X1 >= 11932.31$

$X1 <= 20269.23$

$X2 >= 4480$

$X2 <= 9920$

$X3 >= 2576$

$X3 <= 3379$

$X4 >= 19600$

$X4 <= 77500$

$X5 >= 1$

$X5 <= 8$

$X6 >= 40$

$X6 <= 90$

O modelo é introduzido no LiPS e os resultados são impressos no verso.

```
▸ Optimal solution FOUND
▸ Minimum = 740120
```

*** RESULTS - VARIABLES ***

Variable	Value	obj. Cost	Reduced Cost
X1	11932.3	40	0
X2	6534.6	25	0
X3	3379	6.5	0
X4	77500	1	0
X5	1	0	0
X6	90	0	0

*** RESULTS - CONSTRAINTS ***

Constraint	Value	RHS	Dual Price
Row1	28714.1	28714.1	157.233
BND.X1	11932.3	11932.3	2560/159
BND.X1	11932.3	20269.2	0
BND.X2	6534.6	4480	0
BND.X2	6534.6	9920	0
BND.X3	3379	2576	0
BND.X3	3379	3379	-1140.2
BND.X4	77500	19600	0
BND.X4	77500	77500	-191/159
BND.X5	1	1	6069.34
BND.X5	1	8	0
BND.X6	90	40	0
BND.X6	90	90	-300.472

ESTRATÉGIA 2: Maximizar a produção, mantendo as entradas constantes (produção para stock)

Modelo de Programação Linear:

/* Função objetivo */

Máximo. $Z = 0{,}152 \cdot X1 + 0{,}159 \cdot X2 + 7{,}293 \cdot X3 + 0{,}014 \cdot X4 - 38{,}601 \cdot X5 + 1{,}911 \cdot X6 - 11088{,}437$

/* Sujeito a */

$40 \cdot X1 + 25 \cdot X2 + 6{,}5 \cdot X3 + 1{,}00 \cdot X4 = 1085527{,}5$

$X1 >= 11932.31$

$X1 <= 20269.23$

$X2 >= 4480$

$X2 <= 9920$

$X3 >= 2576$

80

X3 <= 3379

X4 >= 19600

X4 <= 77500

X5 >=1

X5 <= 8

X6 >= 40

X6 <= 90

O modelo é introduzido no LiPS e os resultados são impressos no verso.

```
>> Optimal solution FOUND
>> Maximum = 30243.4
```

*** RESULTS - VARIABLES ***

Variable	Value	Obj. Cost	Reduced Cost
X1	18451.6	19/125	0
X2	9920	159/1000	0
X3	3379	7.293	0
X4	77500	7/500	0
X5	1	-38.601	0
X6	90	1.911	0

*** RESULTS - CONSTRAINTS ***

Constraint	Value	RHS	Dual Price
Row1	1.08553e+006	1.08553e+006	19/5000
BND.X1	18451.6	11932.3	0
BND.X1	18451.6	20269.2	0
BND.X2	9920	4480	0
BND.X2	9920	9920	8/125
BND.X3	3379	2576	0
BND.X3	3379	3379	7.2683
BND.X4	77500	19600	0
BND.X4	77500	77500	51/5000
BND.X5	1	1	-38.601
BND.X5	1	8	0
BND.X6	90	40	0
BND.X6	90	90	1.911

Resultados

No mês passado:

Produção =17625.71Kg *(@65/- Rs por kg) =1145625

Entrada =1085527.5 (calculada a partir da equação de entrada)

Produtividade = produção/entrada = 1,055

Ao otimizar ambas as estratégias, os resultados são os seguintes

1.   **ESTRATÉGIA 1:** Minimizar a entrada, mantendo a saída constante **(fabrico por encomenda)** Solução óptima encontrada entrada mínima = 740120

Produção no mês passado = 1145625

Produtividade = 1,54 (que é superior à produtividade do mês anterior). Por conseguinte, o modelo é viável para melhorar a produtividade.

Valores óptimos: X1=11932.3; X2=6534.6; X3=3379; X4=7750; X5=1; X6=90

2.   **ESTRATÉGIA 2:** Maximizar a produção, mantendo a entrada constante **(produzir para stock)** Solução óptima encontrada produção máxima = 30243,4 *(@65/-Rs por kg) = 1965821

Entrada no último mês = 1085527.5

Produtividade = 1,81 (que é superior à produtividade do mês anterior). Por conseguinte, o modelo é viável para melhorar a produtividade.

Valores óptimos: X1=18451.6; X2=9920; X3=3379; X4=7750; X5=1; X6=90

Onde: X1=   Matéria-prima;   X2=Homem;   X3=Energia;   X4=Despesas   diversas; X5=Porcentagem de rejeição; X6=Porcentagem de utilização da capacidade.

Capítulo 5

VALIDAÇÃO

Validação dos dados

A validação é o processo de decidir se os resultados numéricos que quantificam as relações hipotéticas entre variáveis, obtidos a partir da análise de regressão, são aceitáveis como descrições dos dados. O processo de validação pode envolver a análise da qualidade do ajuste da regressão, a análise da aleatoriedade dos resíduos da regressão e a verificação da deterioração substancial do desempenho preditivo do modelo quando aplicado a dados que não foram utilizados na estimativa do modelo.

Validação dos resultados SPSS:

Mais uma vez, os dados foram recolhidos dos vários departamentos da Varnoj Industrial Product, NBH. como pessoal, MIS, chão de fábrica, contabilidade, finanças, etc. foram registados numa base mensal de janeiro de 2017 a março de 2017, um período de 3 meses para efeitos de validação.

Os dados foram recolhidos em várias rubricas, tais como a produção (variável dependente), a matéria-prima, o fator humano, o consumo de energia, as despesas diversas, o capital de exploração, a percentagem de rejeição e a utilização da capacidade (variáveis independentes).

A produção é registada em kg por mês, as entradas, como a matéria-prima, são registadas em kg por mês, o homem em homem/hora, a energia em kw/hora, as despesas diversas em rs, o capital de exploração em rs, a rejeição em percentagem e a utilização da capacidade em percentagem, respetivamente.

DADOS DO PRODUTO INDUSTRIAL VARNOJ, NBH

Sr.No.	Mês	Y	X1	X2	X3	X4	X5	X6	X7
		Saída	Matéria-prima	Humano	Energia	Despesas Mis	Fundo de maneio	% Rejeição	% de utilização da capacidade
		(Kg)	(Kg)	(Manhr)	(KWH)	(RS)	(Rs)	(%)	(%)
1	Jan-17	15080.20	16950.10	6736	3065	37500	481252	2	70
2	Fev-17	14300.00	16076.92	6256	2863	32562	420000	1	60
3	Mar-17	18828.97	20818.46	9920	3215	47623	690000	4	90

Sobre a introdução de variáveis de entrada na equação de regressão:

Produção = .152(matéria-prima) + .159(humano) + 7.293(energia) + .014(despesas extras)

- 38,601(rejeição) + 1,911(utilização do limite) - 11088,437

A saída prevista e a saída efectiva são as seguintes:

Sr.no.	Mês	Produção prevista (Kg)	Produção efectiva (kg)	Diferença (Kg)	Diferença (%)
1	Jan-17	15493.65	15080.20	413.41	2.668
2	Fev-17	13761.74	14300.00	-538.22	-3.911
3	Mar-17	17784.55	18828.97	-1044.42	-5.872

Do que precede, a diferença entre a produção prevista e a produção efectiva situa-se no intervalo de +5%, que é o intervalo admissível. Por conseguinte, os dados validam a equação de regressão.

Validação dos resultados da otimização:

Sr.no.	Estratégia	Produção prevista (Kg)	Produção efectiva (kg)	Diferença (Kg)	Diferença (%)
1	Estratégia 1	17625.71	17075.21	550.5	3.12
2	Estratégia 2	30243.4	29593.2	650.2	2.1

Do que precede, a diferença entre a produção prevista e a produção efectiva situa-se no intervalo de +3%, que é o intervalo admissível. Por conseguinte, os dados validam a equação de regressão.

Capítulo 6

DISCUSSÃO

Na regressão dos dados, encontrei: O histograma e o gráfico P-P do resíduo padronizado (zresid) parecem mais normais em comparação com o anterior. Assim, o modelo satisfaz o pressuposto da normalidade. O gráfico de dispersão do resíduo padronizado da regressão e da produção é aleatório, o que implica que não existe uma tendência na sua relação que ainda não tenha sido explicada; ou seja, o modelo é bastante exato. O gráfico de dispersão da variável dependente output e do valor previsto normalizado da regressão é linear, com um declive próximo de 45 graus, o que indica que o modelo linear é aplicável e bastante exato.

O valor de R square é .967, o que é um valor muito elevado, bastante próximo de 1. Isto significa que a equação de regressão se ajusta muito bem aos nossos dados e que o modelo é linear. Os valores VIF do fator humano, das despesas erradas, da rejeição e da utilização do limite são muito inferiores a 10 (6,563, 3,111, 2,052, 2,085 respetivamente), enquanto os da energia e das matérias-primas são muito pouco superiores a 10 (10,085 e 11,521 respetivamente). É, portanto, evidente que não existe co-linearidade entre nenhuma das variáveis actuais.

A significância de F=0,000 implica que os resultados do teste F estão corretos, ou seja, a variância dos resíduos é muito menor do que a variância dos dados. O valor do teste de Durbin-Watson é 2,285, o que, sendo tão próximo de 2, indica que não existe quase nenhuma correlação serial nos resíduos. Por outras palavras, os resíduos são independentes, ou seja, o valor de qualquer resíduo num mês não tem qualquer efeito sobre o valor do resíduo em qualquer outro mês.

Todos os gráficos de resíduos parciais não apresentam qualquer tendência não linear, pelo que não é necessário acrescentar qualquer expressão não linear à equação.

A equação de regressão encontrada é:

Produção = .152(matéria-prima) + .159(humano) + 7.293(energia) + .014(despesas de manutenção) - 38.601(rejeição) + 1.911(utilização de capacidade) - 11088.437

Entre os coeficientes da equação de regressão, o coeficiente da matéria-prima, do fator humano, da energia, das despesas incorrectas e da utilização do limite máximo são positivos, enquanto o da rejeição é negativo. Isto parece lógico, uma vez que é provável que a produção aumente se aumentarmos os factores de produção que afectam diretamente a produção, ao passo que diminuirá se aumentarmos a rejeição (por exemplo, se a proporção de rejeição aumentar, é provável que a produção diminua).

BENEFÍCIOS:

1. Previsão da produção para um conjunto conhecido de variáveis de entrada.

2. Otimização da afetação de recursos a vários factores de produção para uma

saída.

3. Previsão da entrada única para um conjunto conhecido de entradas e saídas.

Os resultados da otimização são resumidos a seguir:

No mês passado:

Produção =17625.71Kg *(@65/- Rs por kg) =1145625

Entrada =1085527.5 (calculada a partir da equação de entrada)

Produtividade = produção/entrada = 1,055

1. **ESTRATÉGIA 1**: Minimizar a entrada, mantendo a saída constante **(fabrico por encomenda)** Solução óptima encontrada entrada mínima = 740120 Saída no último mês = 1145625

Produtividade = 1,54 (que é superior à produtividade do mês anterior). Por conseguinte, o modelo é viável para melhorar a produtividade.

Valores óptimos: X1=11932.3, X2=6534.6, X3=3379, X4=7750, X5=1, X6=90

2. **ESTRATÉGIA 2**: Maximizar a produção, mantendo a entrada constante **(Fazer para armazenar)** Solução óptima encontrada produção máxima = 30243,4 *(@65/-Rs por kg) = 1965821 Entrada no último mês = 1085527,5

Produtividade = 1,81 (que é superior à produtividade do mês passado)

Por conseguinte, o modelo é viável para melhorar a produtividade.

Valores óptimos: X1=18451.6, X2=9920, X3=3379, X4=7750, X5=1, X6=90

Onde: X1= Matéria-prima; X2=Homem; X3=Energia; X4=Despesas diversas; X5=Porcentagem de rejeição; X6=Porcentagem de utilização da capacidade.

improvement and calculation of overall equipment effectiveness".

[26] Ahuja, I.P.S. e Khamba, J.S. (2008), "An evaluation of TPM initiatives in Indian industry for enhanced manufacturing performance", *International Journal of Quality & Reliability Management,* Vol. 25, No. 2, pp. 147-172, Emerald Group Publishing Limited.

[27] Gupta, S. Tewari, P.C. and Sharma, A. K., (2006), "TPM Concepts and implementation approach", University College of Engineering, Punjabi University, Patiala, Punjab, India.

[28] Cornelius, J. (1999), "Evaluating the success of Total Productive Maintenance at Faurecia Interior Systems.

[29] Sharma S.K. e Savita, Industrial engineering and operation management, S.K. katariya and sons, New Delhi, (2005).

[30] Whittakar Dr.John, Universidade de Alberta, Productivity hives of activity, (1991).

[31] Paliska G, Pavletic D, Sokovic M, "Application of Quality Engineering tools in process industry", Advanced Engineering, ISSN 1846-5900, 2008.

[32] Mc Atamney, L., Corlett e E.N., (1993) Introducing concept RULA: A survey method for investigation of work related upper limb disorders, Applied Ergonomic.

[33] D.J. Fonseca, C.L. Guest, M. Elam, and C.L. Karr (2005) "A Fuzzy Logic Approach to Assembly Line Balancing". Mathware & Soft Computing, Vol.12, pp. 5774.

[34] Dr. O.P. Khanna "Industrial Engineering and Management" Dhanpat Rai Publication Pvt ltd 17th reprint 2012.

[35] Hoerl, R. (1998), "Six Sigma and the future of the quality profession", Quality Progress, Vol. 31 No. 6, junho, pp. 35, 38.

[36] Arnold H Glasow "RELIABILITY AND SIX SIGMA ESTIMATION" pp 253256.

[37] Savsar, M. e Jawini, A.Al. 1995. Simulation analysis of just-in-time production. International Journal of Production Economics. 42(1), 67-78.

[38] Khalil A. El-Namrouty, Mohammed S. AbuShaaban, Seven wastes elimination targeted by lean manufacturing case study "gaza strip manufacturing firms", International Journal of Economics, Finance and Management Sciences (2013).

[39] Nils Boysen, Malte Fliedner, Armin Scholl (2007) "A classification of assembly line balancing problems" . Jornal Europeu de Investigação Operacional Vol.183, pp.674-693.

[40] Park, SH, 2003, "Six Sigma for Quality and Productivity Promotion", Asian Productivity Organization, Japão.

[41] I. Alony, M. Jones, "Lean Supply Chains, JIT and Cellular Manufacturing - The Human Side", Science and Information Technology Volume 5, (2008).

[42] Chitturi, R. M., Glew, D.J., Paulls, "Value stream mapping in a job shop", IET Conference Publications", International Conference on Agile Manufacturing (ICAM 2007). Durham, Reino Unido, pp. 142-147, 2007.

[43] Brah, S.A.; e Chong, W.K. (2004). Relação entre manutenção produtiva total e desempenho. International Journal of Production Research, 42(12), 2383-2401.

[44] Van Goubergen D (2000). "Set-up reduction as an organization-wide problem" IIE Solutions. Cleveland, OH, EUA: Instituto de Engenheiros Industriais.

[45] Maynard H.B. 2007. Operations Analysis, First Edition.

More
Books!

info@omniscriptum.com
www.omniscriptum.com
OMNIScriptum